普通高等院校信息类CDIO项目驱动型规划教材

机器人通用平台制作与测试详解

（项目教学版）

耿　欣　商俊平　主　编
刘寅生　张文静　张可菊　副主编

清华大学出版社
北　京

内容简介

机器人技术是一门应用广泛的实用技术，本书系统介绍了机器人通用平台的设计与制作过程。本书由浅入深地介绍了机器人主体结构的组装与调试、机器人驱动电路的组装与调试、机器人传感电路的组装与调试、机器人主控电路的组装与调试、机器人转向电路的组装与调试，构成了机器人完整的系统平台。内容详尽，范例简单实用，使读者能够迅速掌握机器人通用平台的设计和制作方法。

本书可作为应用型本科院校自动化、电气自动化、通信工程、电子信息等本科专业教材或教学参考书，也可供相关专业的工程技术人员参考。

图书在版编目(CIP)数据

机器人通用平台制作与测试详解(项目教学版)/耿欣，商俊平主编. —北京：清华大学出版社，2017

(普通高等院校信息类CDIO项目驱动型规划教材)

ISBN 978-7-302-46464-8

Ⅰ. ①机… Ⅱ. ①耿… ②商… Ⅲ. ①机器人—制作 ②机器人—测试 Ⅳ. ①TP242

中国版本图书馆CIP数据核字(2017)第083042号

责任编辑：贾 斌 梅栾芳
封面设计：常雪影
责任校对：胡伟民
责任印制：何 芊

出版发行：清华大学出版社
网 址：http://www.tup.com.cn，http://www.wqbook.com
地 址：北京清华大学学研大厦A座 **邮 编**：100084
社 总 机：010-62770175 **邮 购**：010-62786544
投稿与读者服务：010-62776969，c-service@tup.tsinghua.edu.cn
质 量 反 馈：010-62772015，zhiliang@tup.tsinghua.edu.cn
课 件 下 载：http://www.tup.com.cn，010-62795954
印 刷 者：三河市君旺印务有限公司
装 订 者：三河市新茂装订有限公司
经 销：全国新华书店
开 本：185mm×260mm **印 张**：11.5 **字 数**：290千字
版 次：2017年7月第1版 **印 次**：2017年7月第1次印刷
印 数：1～2000
定 价：29.80元

产品编号：072415-01

前 言

目前大部分院校仍然使用理论性较强的教材，技术应用型人才培养所需的教材却很少。

本教材根据高素质技术技能应用型人才的培养目标，以必需、够用为度，精选必需的内容，其余内容引导学生根据兴趣和需要有目的、有针对性地自学。

本书是电子测量技术基础教材，以机器人通用平台制作为牵引，介绍了机器人主体结构、机器人驱动电路、机器人传感电路、机器人转向电路、机器人主控电路等相关内容，内容简洁，逻辑关系清晰。

基于上述各部分内容，详细讲解了电子测量常用元器件的测量方法、常用电参数的测量方法、常用电子仪器的使用方法，使原本枯燥的测量知识变得生动有趣，充分调动了学生的学习热情。

本书力求从可操作性入手，采用项目化教学，侧重对学生动手能力的培养，真正做到“项目引领教学，应用技能速成”。本书的编写突出了以下特点。

(1) 在结构安排上，将机器人通用平台作为一个整体项目，将相关结构和硬件电路作为各个子项目。

(2) 在内容选取上，突出应用为本、学以致用，首先让同学动手实践，完成相应电路的制作与调试，再进一步讲解相关的知识点。

通过各个子项目的学习，可以提高学生的动手能力及分析问题、解决问题的能力，从课程层面上体现了 CDIO 项目教学的教育理念，CDIO 代表构思(Conceive)、设计(Design)、实现(Implement)和运作(Operate)，它以产品研发到产品运行的周期为载体，让学生以主动的、实践的、课程之间有机联系的方式学习工程。

全书共分6大部分，第1部分由沈阳工学院耿欣老师负责编写；第2部分由沈阳理工大学刘寅生副教授、沈阳工学院商俟平老师负责编写；第3部分由耿欣、商俊平、张文静负责编写；第4部分由耿欣、刘寅生、张可菊负责编写；第5部分由商俊平、刘寅生负责编写；第6部分由耿欣、商俊平负责编写。全书由耿欣统稿。

由于时间仓促，作者水平有限，书中难免存在疏漏和不妥之处，敬请读者批评指正。

作　者

2016年7月

目 录

项目导入 你好，机器人

一、项目的提出

（一）机器人的发展

随着科技的进步，科幻影片拍摄得越来越引人入胜，许多影片都令同学们百看不厌，如《变形金刚》《铁甲钢拳》《我，机器人》等。这些影片不仅有着精彩的情节，强烈、震撼的视听效果，更重要的是，在这些影片当中，都带有一个共同的机械装置，那就是“机器人”。变形金刚的效果图如图 0.1 所示。

图 0.1 变形金刚

电影固然精彩，但终究不是现实。那么，现实中的机器人到底发展到什么程度呢？今天，就让我们一起走进奇妙的机器人世界。

(二) 机器人组成

图 0.2(a)～图 0.2(d)分别显示了车型机器人、人形机器人、蜘蛛形机器人和小狗形机器人。

(a) 车型机器人

(b) 人形机器人

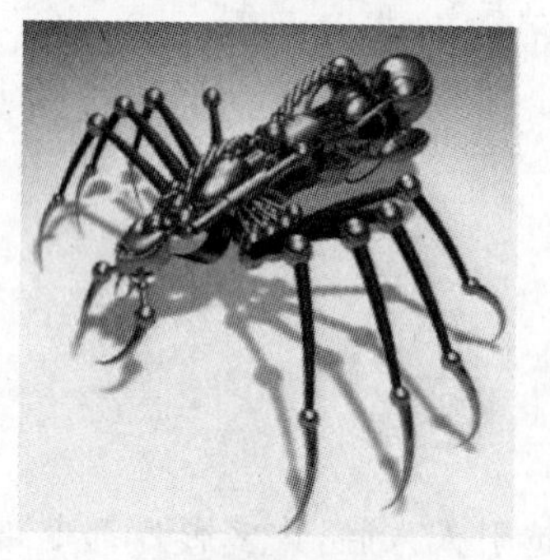

(c) 蜘蛛形机器人

(d) 小狗形机器人

图 0.2　各种外形机器人外观图

尽管以上图片中的机器人外形各不相同,甚至可以说有很大差异,但是从机器人的组成和结构角度出发,都可以看成由 3 个部分、6 个子系统构成。3 个部分分别是机械装置、控制装置和传感装置。6 个子系统分别为驱动系统、机械系统、人机交互系统、感知系统、机器人环境交互系统和控制系统。

从庞大的工业机器人,到微观的纳米机器人,从代表尖端技术的类人机器人,到老少皆宜的宠物机器人,机器人正在逐渐走进我们的生活,成为了人类亲密的伙伴。

(三) 机器人竞赛

为了促进机器人技术的发展,涌现出各种各样的机器人竞赛。**机器人竞赛**是以体育竞赛为载体的高科技竞赛,是培养自动化人才的重要手段,是科技成果转化的重要途径,因此这种竞赛有很大的现实意义。

机器人足球比有两大世界杯：第一个是 FIRA(国际机器人联盟)机器人足球比赛，该比赛由韩国金钟汉教授提出；第二个是 RoboCup 机器人足球赛，该比赛由日本学者于 1993 年创立。

图 0.3　机器人足球比赛

国际机器人灭火竞赛，是由美国三一学院杰克尔门得尔森教授于 1994 年始创的。该比赛在一套模拟四室一厅的房间中进行，要求机器人在最短的时间内熄灭放在任意房间内的蜡烛。在场地内可以设置斜坡和家具障碍，在控制方式上可以使用声控或遥控，最后根据模式难易程度、完成任务情况、完成时间评分确定冠军。

机器人综合竞赛有国际机器人奥林匹克竞赛、FLL 机器人世锦赛和亚洲广播电视联盟亚太地区机器人大赛。

国际机器人奥林匹克竞赛是由国际机器人奥林匹克委员会发起的，该委员会于 1998 年成立，总部设在韩国，它是一项集科技和教育于一体的亚太地区比赛，目的是培养更多青少年探索机器人这一领域，展示他们的能力和才华。

FLL 机器人世锦赛是 1998 年由 FIRT 机构和乐高集团发起的。

亚洲广播电视联盟亚太地区机器人大赛是由中国、日本、新加坡、泰国和印度尼西亚组成理事会的亚洲太平洋广播联盟(简称亚广联)举办的竞赛，参赛队员为亚广联成员且为工科院校的学生。

通过对机器人比赛的介绍，相信大家也都跃跃欲试，想亲手制作一个机器人并且参加某项比赛，这就要求大家具备一定的理论知识，熟悉并掌握机器人的组成与结构。

二、项目任务及团队组成

(一) 项目目标

机器人通用硬件平台的制作。

（二）项目指标

（1）明确项目目标，搜集完成项目所需要的相关资料；
（2）分析项目任务，查找完成项目所需要的相关电路；
（3）确定总体电路设计方案，对所需元器件进行统计；
（4）在完成硬件电路设计的基础上，对相关知识点进行深入学习和思考；
（5）制作简明扼要的 PPT 进行汇报交流，自述 5min 左右，提问 2min 左右。

（三）项目要求

（1）掌握机器人主体结构的组装与调试方法；
（2）掌握机器人驱动电路的组装与调试方法；
（3）掌握机器人传感电路的组装与调试方法；
（4）掌握机器人主控电路的组装与调试方法；
（5）掌握机器人转向电路的组装与调试方法。

（四）项目团队组成

（1）每 3～4 人组成一个团队，每个团队设负责人 1 名，负责整个团队的管理，并负责组织协调团队成员完成整个项目。其余队员分工建议如下：1 人负责资料的搜集和整理，完成电路的设计；1 人负责硬件电路的组装与调试。

（2）团队组成由项目导师根据实际情况掌握，可由导师随机分组，也可由学生自由组合。团队内角色分工由各团队自行协商产生，报给项目导师备案。

（五）团队成果评定方法

（1）流程形式占 60%，考察对知识的理解和运用，主要体现的是学习态度，决定的是成绩能否通过。

（2）内容水平占 40%，考察对知识的创造性运用，主要体现的是能力水平，决定的是成绩高低。

（六）个人成绩评定方法

个人成绩可依据以下三个方面综合给出。
（1）项目团队成绩，决定团队平均成绩以及项目负责人的成绩。
（2）团队内排名，由负责人根据团队成员的参与程度和对团队的贡献给出。
（3）个人在项目教学实施过程中的表现，如出勤情况、回答问题、项目交流。

三、项目的构成

机器人系统由机械装置、控制装置、传感装置构成，如图 0.4 所示。

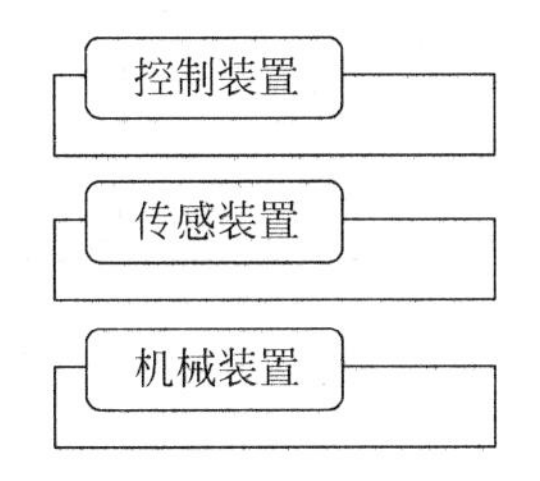

图 0.4　机器人系统三大部分组成框图

机器人通用平台的制作以驱动装置、控制装置和传感装置为主要研究内容，以机械装置和转向装置为辅助研究内容，这三部分内容也是后续开展的各子项目要完成的内容。

四、实施项目的预备知识

实施项目的预备知识包括电路知识、模拟电子技术知识、数字电子技术知识。

预备知识的重点内容

- 欧姆定律；
- 基尔霍夫电流定律；
- 基尔霍夫电压定律；
- 集成运算放大电路。

关键术语

关键术语包括机器人传感器电路、机器人主控电路、机器人驱动电路、机器人转向电路。

五、本项目的实施

在项目导师的引导下，各项目团队按项目实施计划逐个完成各个子项目，并最终完成整个项目。

项目的总结和交流是项目升华的部分，好的项目总结和交流可以使项目参与者获得最大的收益。完成机器人项目的过程是复杂的，同时也是充满乐趣的。只有善于总结与思考，才能获得最大的收获与提高。项目进程如表 0.1 所示。

表 0.1 项目进程表

时间	项 目 内 容	要 求
1 周	项目导入：接受项目任务	了解项目的价值，清楚项目的构成
2 周	子项目 1：机器人主体结构的组装与调试	掌握通常用工具的使用方法及电机的测试方法
2 周	子项目 2：机器人驱动电路的组装与调试	掌握电机及其驱动电路的选择和使用方法
2 周	子项目 3：机器人传感电路的组装与调试	掌握利用传感器检测障碍物的方法
2 周	子项目 4：机器人主控电路的组装与调试	掌握主控电路的制作与调试方法
3 周	子项目 5：机器人转向电路的组装与调试	掌握舵机及其驱动信号的产生方法

六、后续项目

该项目主要完成机器人硬件通用平台的制作，用于验证硬件电路是否连接正确，重点是各部分硬件系统的制作与测试及相关仪器仪表的使用方法。在硬件系统基础上，结合后续的单片机程序设计，可以开展智能机器人设计项目，开发不同软件程序，实现特定的功能要求，真正实现机器人的自主运行。

七、阅读材料

（一）机器人的由来

“机器人”一词最早出现在 1920 年捷克作家卡雷尔·凯培克的幻想情节剧《罗萨姆的万能机器人》中，该小说在 1924 年传到日本，1927 年传到法国，“机器人”一词就这样蔓延开了。

1950 年，美国著名科幻小说家阿西莫夫在他的小说中提出了机器人三守则：

- 机器人必须不危害人类，也不允许它眼看人类受伤而袖手旁观；
- 机器人必须服从人类，除非这种服从有害于人类；
- 机器人必须保护人类不受伤害，或者是人类命令它做出牺牲。

我们在研制机器人的时候，必须遵循这三守则，因此，阿西莫夫也被称为机器人之父。科学界一般对于每一个定义都是准确的，从机器人诞生之日起，人们就不断尝试给机器人一个完整的定义，但随着科技发展日新月异，机器人涵盖的内容也越来越广。

美国是机器人的诞生地，1954 年，美国人乔治·德沃尔设计了第一台电子可编程的工业机器人，1961 年申请了该机器人的专利；1962 年，第一台工业机器人投入通用公司使用，这标志着第一台机器人诞生了。下面介绍各个组织对机器人所下的定义。

- 美国机器人协会的定义：机器人是一种用于移动各种材料、零件工具或者专业装置的能够通过编程执行种种任务的多功能机械手。
- 美国国家标准局的定义：机器人是一种能够进行编程的、在自动控制下执行某些操作或移动作业的机械装置。

- 日本工业机器人协会的定义：工业机器人是一种配有记忆装置和末端执行器的、能够转动并且完成各种移动来替代人类劳动的通用机器。
- 国际标准化组织：机器人是一种自动、位置控制、具有编程能力的多功能机械手。

机器人在不同的标准下有着不同的分类，按照用途分类，可分为民用机器人和军用机器人，如图 0.5 所示。

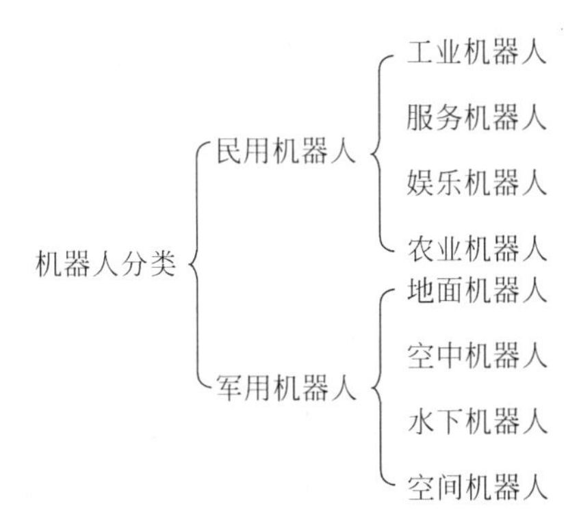

图 0.5　机器人的分类图

- 民用机器人：工业机器人、服务机器人、娱乐机器人、农业机器人。
- 军用机器人：地面机器人、空中无人机、水下机器人、空间机器人。

（二）全国大学生机器人大赛

全国大学生机器人大赛(Robocon)是“亚太大学生机器人大赛”的国内选拔赛，该项赛事是亚洲广播联合会(ABU)在 2002 年发起的一个大学生机器人创意和制作比赛。比赛每年发布一个新规则，需要参赛者综合运用机械、电子、控制等技术手段完成规则设置的任务。

作为高技术门槛的机器人竞赛平台，自 2002 年来，全国大学生机器人大赛已经成功举办了 15 届，国内先后有百余所院校踊跃参加。中国代表队在 ABU 年度总决赛中曾获 5 次亚太冠军。

其间，中央电视台每年录制播出比赛专题片，对科学普及和机器人教育做出了开创性的贡献；新浪、网易、腾讯等门户网站也广泛关注和报道赛事，打造大学生科技创新赛事的品牌，产生了广泛的社会影响力。

十年磨砺，在“让思维活跃起来、让智慧沸腾起来”口号的激励下，前后共有约 13 000 名大学生投身这项高水平的机器人赛事中。参赛学生在创新思维意识、工程实践能力、团队协作水平等方面得到极大提高，培养出一批爱创新、会动手、能协作、肯拼搏的科技精英人才。

2016年11月6日,全国大学生机器人大赛协调会在北京航空航天大学新主楼启先会议室召开。与会的有全国大学生机器人大赛组委会专家委员主任宗光华教授、副主任陆际联教授,全国学校共青团中心秦涛主任一行,赛事组委会秘书长王旭、副秘书长蒋金钟,Robocon赛事联系人曾云甫,RoboMasters赛事组委会暨大疆科技公司代表杨硕,机器人创业赛组委会暨哈尔滨工业大学校团委杨云峰,与会的还有蔡月日老师等。

2016年全国大学生机器人大赛正式由共青团中央学校部和全国学联秘书处升级为共青团中央和全国学联主办。在当前"万众创业,大众创新"的国家政策导向和"中国制造2025"的强国行动纲领背景下,团中央高度重视全国大学生机器人大赛的发展。协调会的目的是不断总结办赛经验,加强赛事组织、统筹、宣传等工作,大力提高我国高校机器人创新教育,建设卓越工程师实践培训平台。

与会人员分别就2016年第十五届全国大学生机器人大赛Robocon赛、RoboMasters赛、Robotac赛、机器人创业赛四项赛事分别作了总结汇报,互通有无,并就各项赛事当前存在的问题进行了交流与沟通。同时就2017年全国大学生机器人大赛各项赛事的定位、筹备、通知、发动、培训、宣传等要素进行了沟通与协调。秦涛主任做了团中央赛事活动组织情况的报告,同时就全国大学生机器人大赛下辖各项赛事的规范化进行了讨论,并提出指导意见。

全国大学生机器人大赛将在共青团中央和全国学联的领导管理下,不断完善赛事组织运营流程,打造"全国大学生机器人大赛(CURC)"赛事品牌,不断完善各项赛事发展定位,互通有无,在各项赛事组委会的运营下,将CURC打造成中国高等教育机器人学科的教育、实践、创新、科技的综合平台。

全国机器人大赛网址如下:http://www.cnrobocon.org/。

(三)全国大学生飞思卡尔杯智能车竞赛

1. 指导思想与目的

全国大学生智能汽车竞赛是以智能汽车为研究对象的创意性科技竞赛,是面向全国大学生的一种具有探索性工程实践活动,是教育部倡导的大学生科技竞赛之一。

本竞赛以"立足培养,重在参与,鼓励探索,追求卓越"为指导思想,旨在促进高等学校素质教育,培养大学生的综合知识运用能力、基本工程实践能力和创新意识,激发大学生从事科学研究与探索的兴趣和潜能,倡导理论联系实际、求真务实的学风和团队协作的人文精神,为优秀人才的脱颖而出创造条件。

2. 竞赛特点与特色

本竞赛以竞速赛为基本竞赛形式,辅助以创意赛和技术方案赛等多种形式。竞速赛以统一规范的标准硬软件为技术平台,制作一部能够自主识别道路的模型汽车,按照规定路线行进，并符合预先公布的其他规则，以完成时间最短者为优胜。创意赛是在统一限定的基础平台上，充分发挥参赛队伍想象力，以创意任务为目标，完成研制作品；竞赛评判由专家组、现场观众等综合评定。技术方案赛是以学术为基准，通过现场方案交流、专家质疑评判以及现场参赛队员和专家投票等互动形式，针对参赛队伍的优秀技术方案进行评选，其目标是提高参赛队员创新能力，鼓励队员之间相互学习交流。

本竞赛过程包括理论设计、实际制作、整车调试、现场比赛等环节，要求学生组成团队，协同工作，初步体会一个工程性的研究开发项目从设计到实现的全过程。竞赛融科学性、趣味性和观赏性为一体，是以迅猛发展、前景广阔的汽车电子为背景，涵盖自动控制、模式识别、传感技术、电子、电气、计算机、机械与汽车等多学科专业的创意性比赛。本竞赛规则透明，评价标准客观，坚持公开、公平、公正的原则，保证竞赛向健康、普及、持续的方向发展。

3. 组织运行模式

全国大学生智能汽车竞赛组织运行模式贯彻“政府倡导、专家主办、学生主体、社会参与”的 16 字方针，充分调动各方面参与的积极性。

全国大学生智能汽车竞赛的分/省赛区预赛和全国总决赛一般安排在每年暑假期间。同时积极鼓励各学校根据自身条件适时开展校内的大学生智能汽车竞赛。

为保证竞赛公平，竞赛在规定范围内的标准软硬件技术平台上开展。每届竞赛由竞赛秘书处统一公布本届竞赛的形式、规则与技术数据。

在广泛征集的基础上，竞赛秘书处技术组统一进行分/省赛区预赛与全国总决赛的命题工作。

竞速赛题目应该具有客观的评价指标，可以通过独立的电子裁判系统现场完成成绩评定，避免人为主观因素的影响，保证公开、公平、公正的竞赛原则。竞速赛题目可采用统一命题，也可以分成不同组别分别命题，以便于体现参赛高校与学生的广泛性；其难度原则上应该符合大学本科生的教学要求，易于制作和实现，对于由学生组成的参赛队，能在指导教师的辅导下于 6 个月内完成。竞速赛题目的内容原则上应包括汽车模型的组装和改造、嵌入式系统的开发和调试、传感器的选择与测试、综合信息处理与算法设计等。

其他形式的竞赛由竞赛秘书处根据大学教学的发展特点，另行发布。竞赛同样应该在统一的基础比赛平台上，充分发挥参赛队伍想象力，以特定任务为目标，自由完成作品研制。

每届全国竞赛组织委员会与竞赛秘书处成员不得担任所在学校参赛队伍的指导教师，不得泄漏有失竞赛公允的相关信息。

飞思卡尔比赛网址：http://www.freescale.com/。

子项目1 机器人主体结构的组装与调试

一、项目目标

- 掌握常用工具的使用方法；
- 学会机器人主体结构的安装方法；
- 学会直流电机的测试及安装方法。

二、项目结构

机器人的主体结构是机器人通用平台的硬件基础，为了更好地完成后续的电路制作与系统调试，需要首先完成主体结构的组装与调试，完成该项目的具体过程如图1.1所示。

三、项目实施

（一）元器件清单

机器人主体结构元器件清单表如表1.1所示。

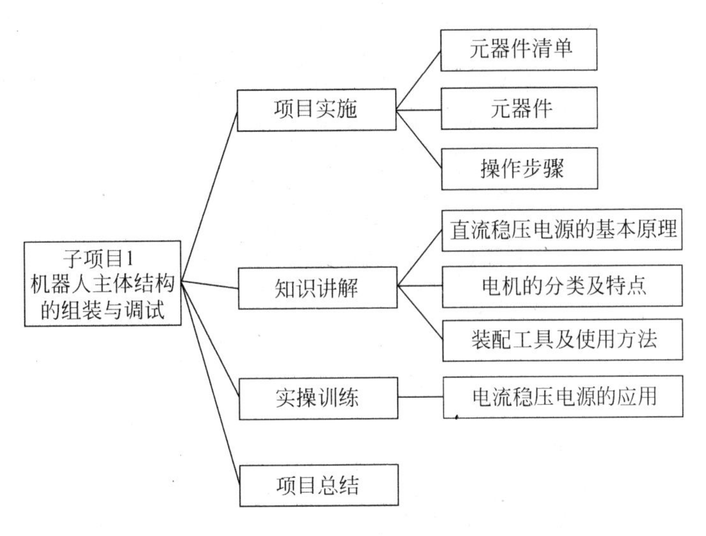

图 1.1　项目具体过程图

表 1.1　机器人主体结构元器件清单表

元器件名称	型号/规格	数　　量
橡胶轮	聚氯乙烯(PVC)	2
底盘	自制或购买	1
电池盒	可塑性塑料	1
螺丝、螺母	镀锌(十字牙口)	若干
杜邦线、导线	铜芯	若干
万向轮	聚氯乙烯(PVS)	1
电池	5 号可充电电池	2
电机	5V 直流电机	2

(二) 元器件

1. 底盘

底盘是小车上支撑、安装电机及其他各部件的总称，形成小车的整体造型，承受电机动力，保证小车正常行驶。小车底盘如图 1.2 所示。

2. 电池盒

小车运行需要动力，也就是电池，电池需要固定好位置，因此需要电池盒，电池盒种类也比较多，如单节、双节、三节、四节等，尺寸也大小各异，可以根据实际需要选择。电池盒如图 1.3 所示。

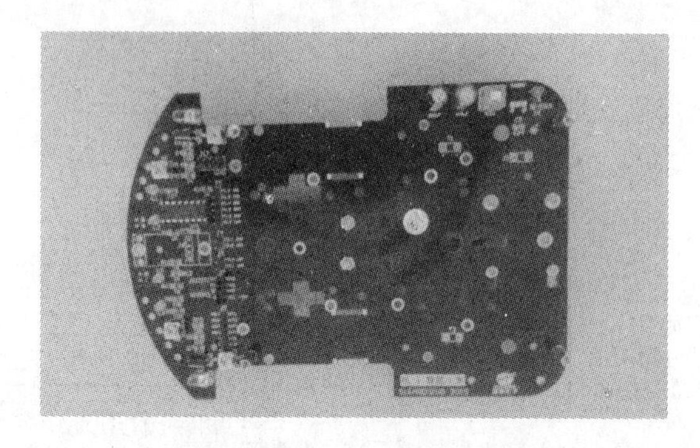

图 1.2　底盘

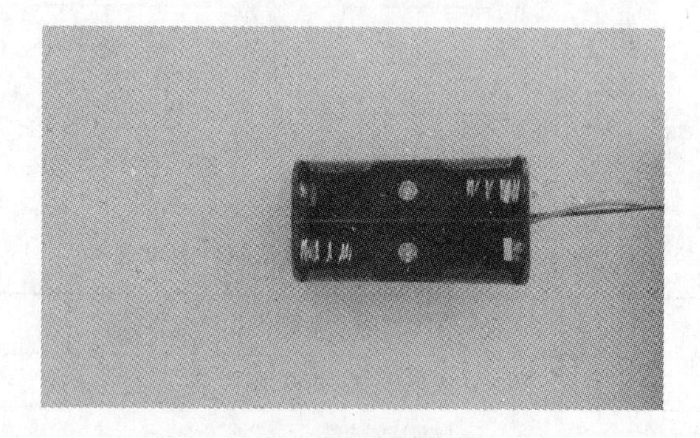

图 1.3　电池盒

3. 直流电机

直流电机是指能将直流电能转换成机械能(直流电动机)或将机械能转换成直流电能(直流发电机)的旋转电机,我们这里用到的是直流电动机。直流电动机如图 1.4 所示。

图 1.4　直流电动机

4. 橡胶轮

电机带动车轮才能使小车运行起来,橡胶轮轮子外层橡胶可以起到支撑和减震的作用。橡胶轮如图 1.5 所示。

图 1.5　橡胶轮

5. 万向轮

万向轮就是活动脚轮，它的结构允许水平 360°旋转。脚轮是个统称，包括活动脚轮和固定脚轮。固定脚轮没有旋转结构，不能水平转动只能垂直转动。这两种脚轮一般都是搭配使用，例如手推车的结构是前边两个固定轮，后边靠近推动扶手的是两个活动万向轮。本项目采用的是活动脚轮。万向轮如图 1.6 所示。

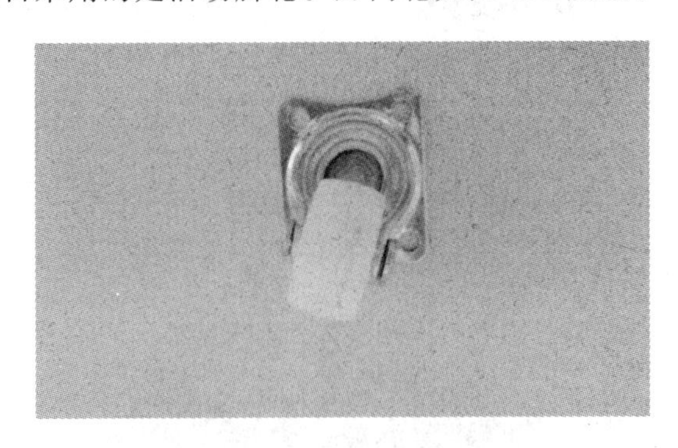

图 1.6　万向轮

（三）操作步骤

1. 电池盒的安装

（1）将电池盒固定在底盘的合适位置。

（2）根据电池盒的大小放入合适的电池，至少两节充电电池，如图 1.7 所示。

2. 电机安装

（1）观察电机的外部结构，明确引线数量。

（2）将电机固定在底盘的合适位置，如图 1.8 所示。

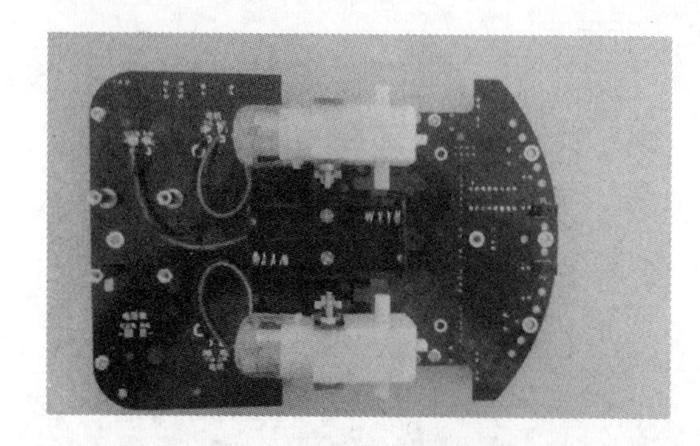

图 1.7　电池盒安装示意图

图 1.8　电机安装示意图

3. 橡胶轮安装

将橡胶轮与电机连接，如图 1.9 所示。

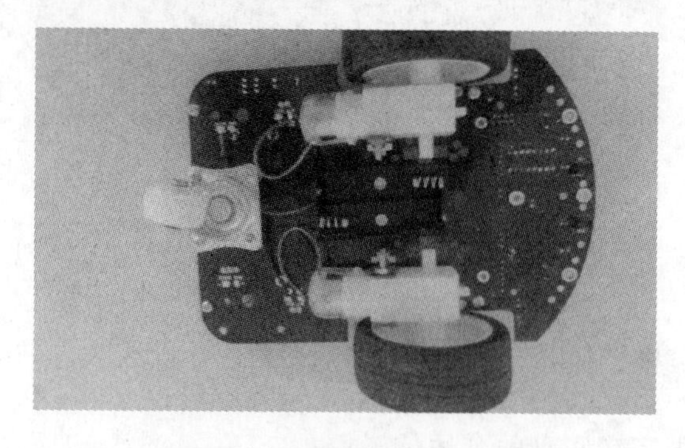

图 1.9　电橡胶轮安装示意图

4. 电机测试

将电机的两端分别定义为 A 和 B，

(1) 电机引线 A 端接电源正极，B 端接电源负极，观察电机带动车轮的运行状态。

(2) 电机引线 A 端接电源负极，B 端接电源正极，观察电机带动车轮的运行状态。

5.万向轮安装

安装万向轮,使万向轮和两个橡胶轮构成等边三角形,如图1.10所示。

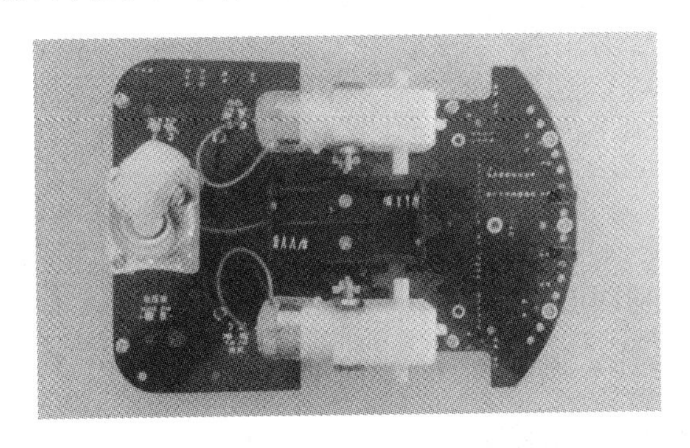

图1.10　万向轮安装示意图

四、知识拓展

(一)直流稳压电源基本原理

在机器人制作的初期,需要直流稳压电源用于电路板、电机等器件的测试,在测试过程中占有重要地位,下面首先介绍直流稳压电源的基本原理。

1.直流稳压电源的基本原理

直流稳压电源由变压器、整流电路、滤波电路、稳压电路4部分组成,其中变压器把有效值为220V、频率为50Hz的交流电变换为幅值为几伏到几十伏的交流电(频率不变);整流电路将交流电转换为具有直流成分的脉动直流电,也就是将原来一个周期内的负半周波形变换到正半周;滤波电路将脉动直流中的交流成分滤除,减少交流成分,增加直流成分;稳压电路对滤波后的直流电压采用稳压及负反馈技术进一步稳定直流电压。直流稳压电源组成框图如图1.11所示。

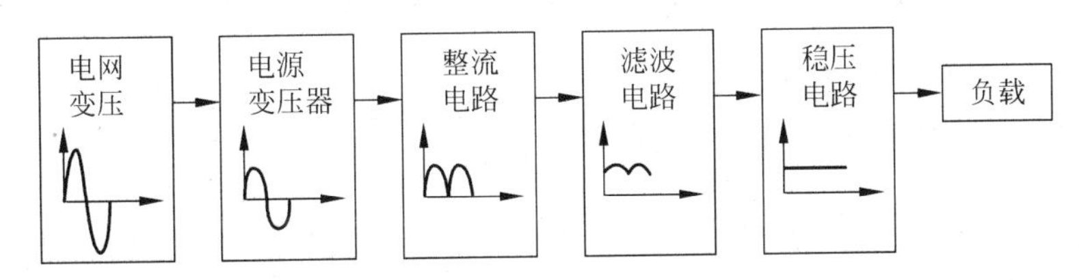

图1.11　直流稳压电源组成框图

2.整流电路

将交流电能转换成直流电能的过程成为整流,完成这一转换的电路称为整流电路。整流电路有多种类型,目前应用最为广泛的整流电路是桥式整流电路,桥式整流电路图和波形图如图 1.12 所示。

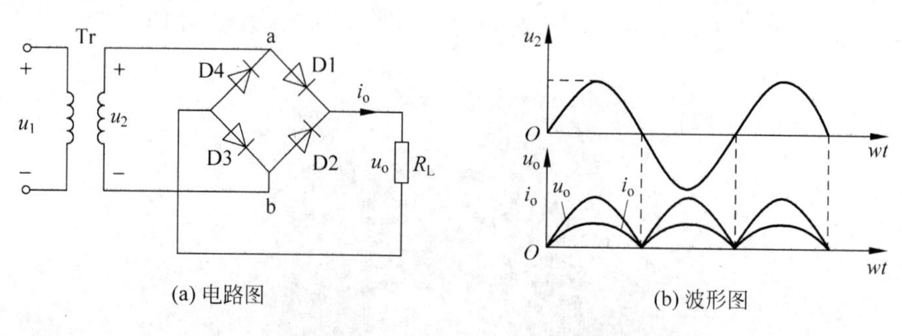

图 1.12　桥式整流电路图和波形图

图 1.12(a)为桥式整流电路图,图中 Tr 为电源变压器,D1～D4 为 4 个二极管,构成桥式整流电路。R_L 为直流用电负载电阻。在分析整流电路的工作原理时,将二极管当作具有理想伏安特性的理想二极管来处理。

当 u_2 为正半周时,a 点电位最高,b 点电位最低,二极管 D1 和 D3 导通,D2 和 D4 截止,电流的通路是 $a \to D1 \to R_L \to D3 \to b$。

当 u_2 为负半周时,a 点电位最低,b 点电位最高,二极管 D2 和 D4 导通,D1 和 D3 截止,电流的通路是 $b \to D2 \to R_L \to D4 \to a$。

图 1.12(b)为桥式整流电路波形图,图中在 u_2 变化的一个周期内,负载 R_L 上始终流过自上而下的电流,其电压和电流的波形为一个全波脉动直流电压和电流。

设 $u_2 = \sqrt{2}U_2 \sin\omega t$,则该电流的数量关系如下。

(1) 负载直流电压

指负载电流电压的平均值,也就是整流电路输出的直流电压,则

$$U_0 = \frac{1}{\pi}\int_0^{\pi}\sqrt{2}U_2 \sin\omega t\, d(\omega t) = \frac{2\sqrt{2}}{\pi}U_2 = 0.9U_2 \tag{1.1}$$

(2) 负载直流电流

$$I_o = \frac{U_o}{R_L} \tag{1.2}$$

(3) 二极管平均电流

由于每个二极管只在半个周期内导通,所以

$$I_D = \frac{1}{2}I_o \tag{1.3}$$

(4) 二极管反向电压最大值

$$U_{Rm} = \sqrt{2}U_2 \tag{1.4}$$

式(1.1)和(1.2)是计算负载直流电压和电流的依据;式(1.3)和(1.4)是选择二极管的依据。所选用的二极管参数必须满足

$$I_F \geqslant I_D \tag{1.5}$$

$$U_R \geqslant U_{Rm} \tag{1.6}$$

例 1.1　一桥式整流电路，负载电阻 $R_L = 240\Omega$，负载所需直流电压 $U_O = 12V$，电源变压器的一次电压 $U_1 = 220V$。试求该电路在正常工作时的负载直流电流 I_o、二极管平均电流 I_D 和变压器的电压比 k。

解：负载直流电流

$$I_o = \frac{U_O}{R_L} = \frac{12}{240}A = 0.05A \tag{1.7}$$

二极管平均电流

$$I_D = \frac{1}{2}I_o = \frac{1}{2} \times 0.05A = 0.025A \tag{1.8}$$

变压器的二次电压

$$U_2 = \frac{U_o}{0.9} = \frac{12}{0.9}V = 13.33V \tag{1.9}$$

变压器的电压比

$$k = \frac{U_1}{U_2} = \frac{12}{0.9}V = 16.5V \tag{1.10}$$

目前，封装成整体的多种规格的整流桥式块已批量生产，使用方便。桥式整流块外形图如图 1.13 所示。

使用时，只要将交流电压接到标有～的引脚上，从标有＋和－的引脚引出的就是整流后的直流电压。

图 1.13　桥式整流块外形图

3. 滤波电路

滤波电路将脉动直流中的交流成分滤除，减少交流成分，增加直流成分。

滤波电路有多种形式，桥式整流电容滤波电路图和波形图如图 1.14 所示。

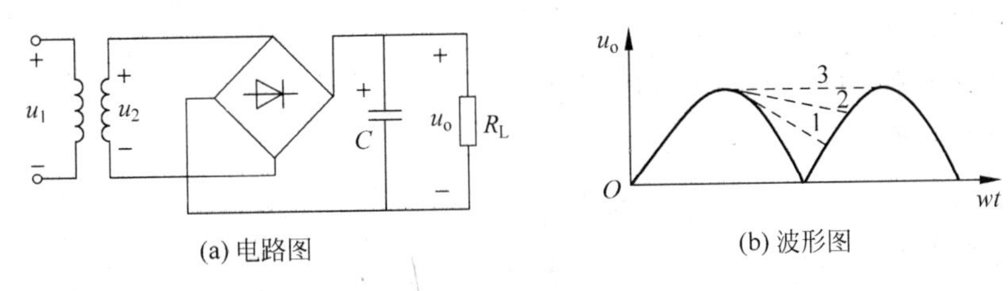

(a) 电路图　　(b) 波形图

图 1.14　桥式整流电容滤波电路图和波形图

桥式整流电容滤波电路，就是在桥式整流电路之后，与负载并联一个滤波电容。图 1.14(a)中桥式整流电路部分采用的是简化画法。

电容滤波的原理是：电源电压上升时，给 C 充电，将电能存储在 C 中，当电源电压下降时利用 C 放电，将存储的电能送给负载，从而使负载波形如图 1.14(b)所示，填补了相邻两峰值电压之间的空白，不但使输出电压的波形变平滑，而且还使 u_o 的平均值 U_o 增加。

U_o 的大小与电容放电的时间常数 $\tau = R_L C$ 有关，τ 小，放电快，如图 1.14(b)的虚线 1，U_o 小；τ 大，放电慢，如图 1.14(b)中虚线 2，U_o 大。空载时，$R_L \to \infty$，$\tau \to \infty$，如图 1.14(b)中的虚线 3，$U_o \sqrt{2} U_2$，U_o 最大。为了得到经济又较好的滤波效果，一般取

$$\tau \geqslant (3 \sim 5)\frac{T}{2} = \frac{1.5 \sim 2.5}{f} \tag{1.11}$$

式中，T 为交流电源电压的周期；f 为交流电源电压的频率。

在桥式整流电容滤波电路中，空载时的负载直流电压为

$$U_o = \sqrt{2} U_2 \tag{1.12}$$

有载时，

$$U_o = 1.2 U_2 \tag{1.13}$$

选择滤波元件时，考虑到整流电路在工作期间，不仅向负载供电，同时还要对电容充电，而且通电的时间缩短，通过二极管的电流是一个冲击电流，冲击电流峰值较大，其影响应予考虑。滤波电容值可取

$$C \geqslant (3 \sim 5)\frac{T}{2R_L} = \frac{1.5 \sim 2.5}{R_L f} \tag{1.14}$$

电容器的额定工作电压(简称耐压)应不小于其实际电压的最大值，故取

$$U_{CN} = \sqrt{2} U_2 \tag{1.15}$$

滤波电容的电容值较大，需要采用电解电容，这种电容器有规定的正、负极，使用时必须使正极(图中标以“+”)的电位高于负极的电位，否则会被击穿。

例 1.2 一桥式整流电容滤波电路，已知电源频率 $f = 50\text{Hz}$，负载电阻 $R_L = 100\Omega$，输出直流电压 $U_o = 30\text{V}$。试求

① 选择整流二极管；

② 选择滤波电容器；

③ 负载电阻断路时的输出电压 U_o；

④ 电容断路时的输出电压 U_o。

解：

① 选择整流二极管

$$I_o = \frac{U_o}{R_L} = \frac{30}{100}\text{A} = 0.3\text{A} \tag{1.16}$$

$$I_D = \frac{1}{2} I_o = \frac{1}{2} \times 0.3\text{A} = 0.15\text{A} \tag{1.17}$$

$$U_2 = \frac{U_o}{1.2} = \frac{30}{1.2}\text{V} = 25\text{V} \tag{1.18}$$

$$U_{Rm} = \sqrt{2}U_2 = \sqrt{2} \times 25\text{V} = 35.4\text{V} \tag{1.19}$$

$$I_F \geqslant 2I_D = 2 \times 0.15\text{A} = 0.3\text{A} \tag{1.20}$$

$$U_R \geqslant U_{Rm} = 35.4\text{V} \tag{1.21}$$

查附录A，根据计算所得电流电压值，选用2CZ53B型二极管4个，$I_F=300\text{mA}$，$U_R=50\text{V}$。

② 选择滤波电容器

$$C \geqslant \frac{1.5 \sim 2.5}{R_L f} = \frac{1.5 \sim 2.5}{100 \times 50}\text{F} = (300 \sim 500)\mu\text{F} \tag{1.22}$$

$$U_{CN} \geqslant \sqrt{2}U_2 = \sqrt{2} \times 25\text{V} = 35.4\text{V} \tag{1.23}$$

查附录B，根据计算所得电容及耐压值，选用$C=470\mu\text{F}$，$U_{CN}=50\text{V}$的电解电容器。

③ 负载电阻断路时

$$U_o = \sqrt{2}U_2 = \sqrt{2} \times 25\text{V} = 35.4\text{V} \tag{1.24}$$

④ 电容断路时

$$U_o = 0.9U_2 = 0.9 \times 25\text{V} = 22.5\text{V} \tag{1.25}$$

4. 稳压电路

(1) 二极管稳压电路

稳压电路有多种类型，如稳压二极管、三端稳压器等。下面主要介绍稳压二极管和三端稳压器的原理及应用。

稳压二极管又称齐纳二极管，简称稳压管。它是一种特殊的面接触型半导体二极管。稳压二极管图形符号如图1.15所示。

稳压二极管的伏安特性与普通二极管相似，但反相击穿电压小，而且稳压二极管可以工作于反向击穿情况。由于采取了特殊的设计和工艺，只要反向电流在一定范围内，PN结的温度就不会超过允许值，不会造成永久性击穿。

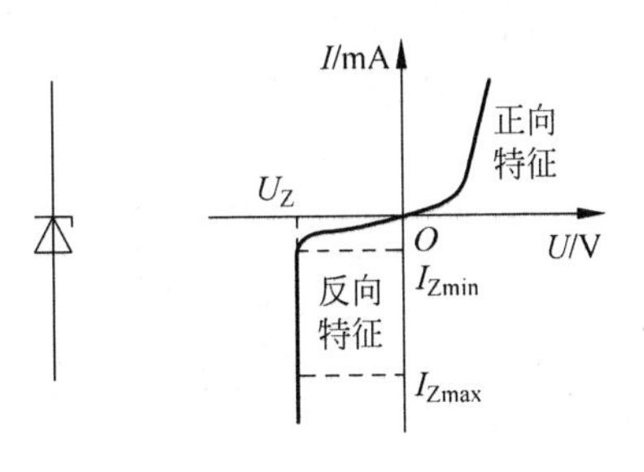

图1.15　稳压二极管图形符号图

由于稳压二极管在反向击穿区的伏安特性十分陡峭，电流在较大范围内变化时，稳压二极管两端的电压变化很小，让稳压二极管工作在伏安特性的这一部分，就能起稳压和限幅的作用。这时稳压二极管两端的电压U_Z称为稳定电压。由伏安特性可知，稳压二极管的稳压范围是$I_{Zmin} \sim I_{Zmax\sim}$。如果电流小于最小稳定电流$I_{Zmin}$，则电压不能稳定；如果电流大于最大稳定电流$I_{Zmax\sim}$，稳压二极管将会过热损坏。因此,使用时要根据负载和电源电压的情况设计好外部电路,以保证稳压二极管工作在这一范围内。

例 1.3 在图 1.16 所示电路中,稳压二极管的稳定电压 $U=5\text{V}$,正向电压降可忽略不计。试求当输入电压 U_I 分别为直流 10V、3V 和 −5V 时的输出电压 U_o;若输入电压为交流 $U_i=10\sin\omega t\,\text{V}$,求这时输出电压 u_o 的波形。

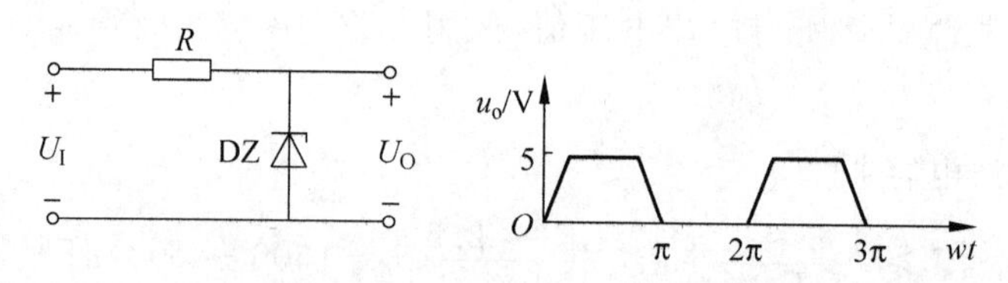

图 1.16 例 1.3 图

解:

① $U_I=10\text{V}$ 时

由于 $U_I=10\text{V}>U_Z=5\text{V}$,DZ 工作在反向击穿去,起稳压作用,故 $U_o=U_Z=5\text{V}$。

② $U_I=3\text{V}$ 时

由于 $U_I=3\text{V}<U_Z=5\text{V}$,DZ 没有工作在反向击穿区,它相当于反向截止的二极管,电路中的电流等于零,故 $U_o=U_Z=3\text{V}$。

③ $U_I=-5\text{V}$ 时

由于 DZ 工作在正向导通状态,故 $U_o=0\text{V}$。

④ $u_i=10\sin\omega t\,\text{V}$,时

在 u_i 的正半周中,当 $u_i<U_Z=5\text{V}$ 时,DZ 工作在反向截止状态,故 $u_o=u_i$;当$u_i>U_Z=5\text{V}$ 时,DZ 工作在反向击穿区,起稳压作用,故 $u_o=U_Z=5\text{V}$。

在 u_i 的负半周中,DZ 处于正向导通状态,故 $u_o=0$。

将稳压二极管与适当数值的限流电阻 R 相配合,即组成了稳压二极管稳压电路,如图 1.17 所示。

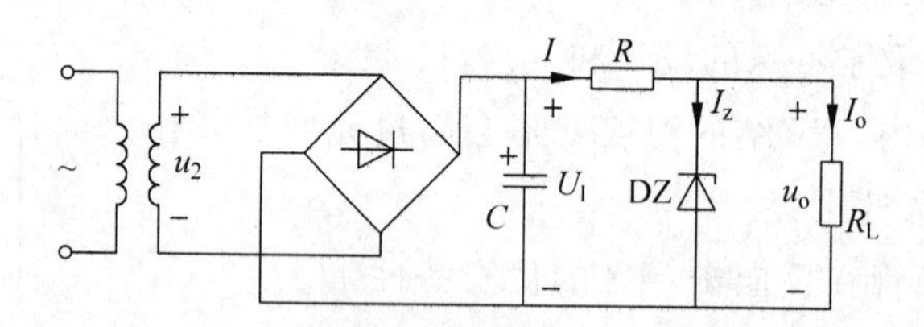

图 1.17 稳压二极管稳压电路图如图

图中 U_I 为整流滤波电路的输出电压,也就是稳压电路的输入电压。U_o 为稳压电路的输出电压,也就是负载电阻 R_L 两端的电压,它等于稳压二极管的稳定电压 U_Z。

由图 1.17 可知

$$U_o=U_I-RI=U_I-R(I_Z+I_o)$$

当电源电压波动或者负载电流变化而引起 U_o 变化时，该电路的稳压过程如下：只要 U_o 略有增加，I_Z 便会显著增加，I 随之增加，RI 增加，使得 U_o 自动降低，保持近似不变。

动脑筋：如果 U_o 降低，稳压管是如何起到稳压作用的？试描述稳压二极管的稳压过程。

这种稳压电路简单，但受稳压二极管最大稳定电流的限制，输出电流不能太大，而且输出电压不可调。

(2) 固定三端稳压器制作的稳压电源

国产集成三端稳压器按其性能和用途不同可分为两大类：一类是输出固定电压的三端集成稳压器系列；另一类是输出可调电压的三端集成稳压器系列。

输出固定电压的三端集成稳压器有 W78XX 和 W79XX。W78XX 输出正电压，W79XX 输出负电压。

W78XX 的主要参数如表 1.2 所示。

表 1.2　W78XX 的主要参数表

输出电压 U_o	最大输出电流 I_{omax}/A	最大输出电压 U_{imax}/V	最小输入与输出电压差 (U_i-U_o)/V	电压调整率 S_v/%
5,6,9,12,15,18,24,	1.5	35	2～3	0.1～0.2

三端稳压器外形及符号如图 1.18 所示，要特别注意，不同型号、不同封装的集成稳压器 3 个电极的位置是不同的，要查手册确定。

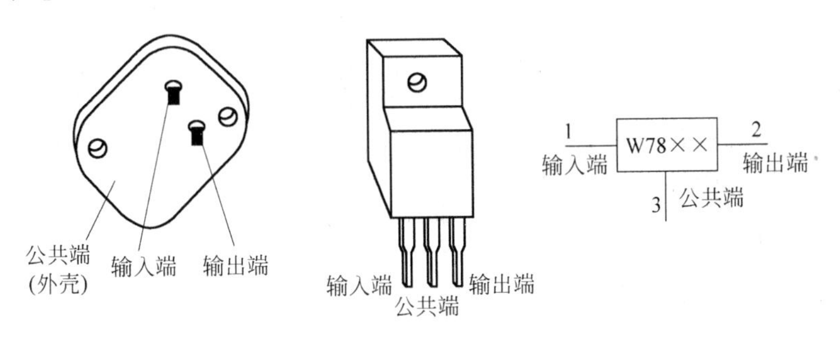

图 1.18　三端稳压器外形及符号图

以三端固定式稳压器 W7800 为例构成稳压电路，将输入端接整流滤波电路的输出，将输出端接负载电阻，公共端接地。为了抑制高频干扰并防止电路自激，在它的输入、输出端分别并联电容 C_2、C_3。三端固定式稳压器构成的稳压电路如图 1.19 所示。

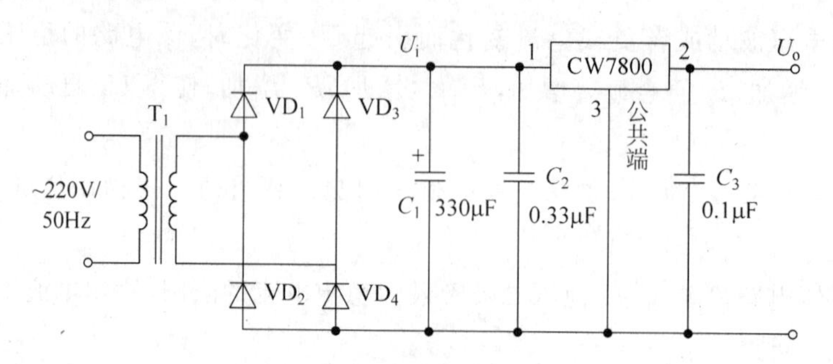

图 1.19　三端固定式稳压器构成的稳压电路图

(3) 可调三端稳压器制作的稳压电源

国产集成三端稳压器按其性能和用途不同可分为两大类：一类是输出固定电压的三端集成稳压器系列；另一类是输出可调电压的三端集成稳压器系列。

输出可调电压的三端集成稳压器有 W317 和 W337。W317 输出正电压，W337 输出负电压。

W317 的主要参数如表 1.3 所示。

表 1.3　W317 的主要参数表

输出电压 U_o	最大输出电流 I_{omax}/V	最大输出电压 U_{imax}/V	最小输入与输出电压差 (U_i-U_o)/V	电压调整率 S_v/%
1.25　37	1.5	40	2～3	0.01

三端可调式稳压器输出电压可调，稳压精度高，只需外接两只不同的电阻即可获得各种输出电压。其中 W317 系列稳压器输出连续可调的正电压，W337 系列稳压器输出连续可调的负电压。三端可调稳压器外形及符号如图 1.20 所示。

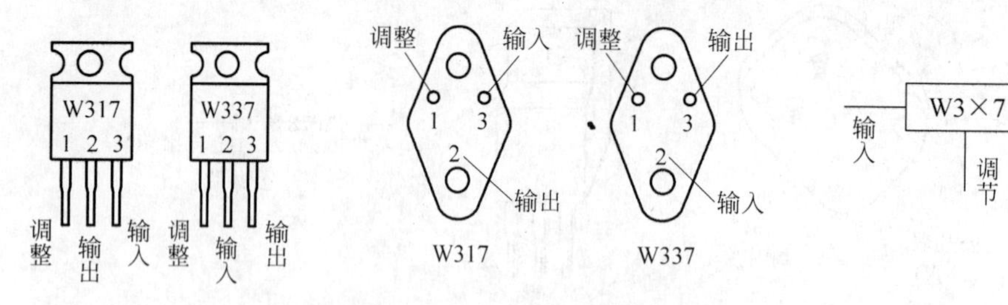

图 1.20　三端可调稳压器外形及符号

以 W317 为例构成输出电压可调的稳压电路，如图 1.21 所示。电阻 R_1 和可变电阻 R_2 构成取样电路，C_3 是为了减小取样电阻 R_2 两端的波纹电压而并联的旁路电容，C_2、C_4 的作用为抑制高频干扰并防止电路自激，VD_6 是保护二极管，防止输入端短路时 C_4 放电导致内部调整管损坏，VD_5 则防止输出短路时 C_3 两端的电压作用在内部放大管而造成击穿。

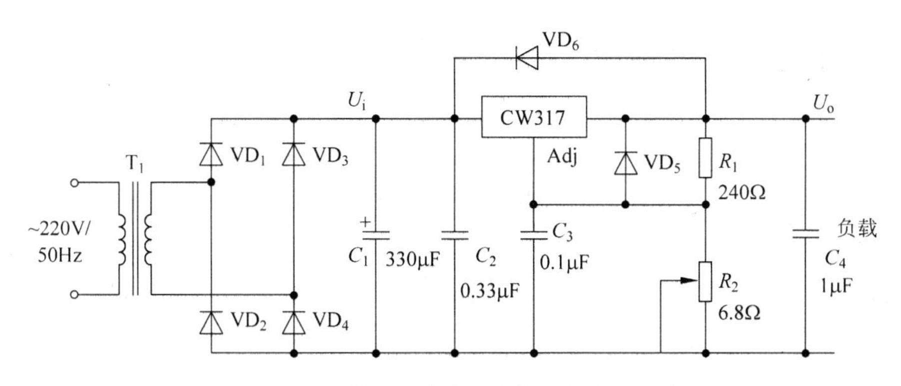

图 1.21　由三端可调式稳压器构成的稳压电路图

（二）电机的分类及特点

电动机俗称马达，下面对电动机进行简要介绍，电动机的分类及特点如表 1.4 所示。

表 1.4　电动机的分类及特点列表

分类依据	分　　类	特　　点
使用电源	直流电动机	使用永久磁铁或电磁铁、电刷、整流子等元件，电刷和整流子将外部所供应的直流电源持续地供应给转子的线圈，并适时地改变电流的方向，使转子能以同一方向持续旋转
	交流电动机	将交流电通过电动机的定子线圈，设计让周围磁场在不同时间、不同的位置推动转子，使其持续运转
构造	同步电动机	特点是恒速不变，不需要调速，起动转矩小，且当电动机达到运转速度时，转速稳定，效率高
	异步电动机	又称为感应电动机，特点是构造简单耐用，且可使用电阻或电容调整转速与正反转，典型应用是风扇、压缩机、冷气机
	可逆电动机	基本上与感应电动机构造和特性相同，特点是电动机尾部内藏简易的刹车机构(摩擦刹车)，其目的是为了借由加入摩擦负载，以达到瞬间可逆的特性，并可减少感应电动机因作用力产生的过转量
	步进电动机	脉冲电动机的一种，以一定角度逐步转动，因采用开回路(Open Loop)控制方式处理，因此不需要位置检出和速度检出的回授装置，就能达成精确的位置和速度控制，且稳定性佳
	伺服电动机	具有转速控制精确稳定、加速和减速反应快、动作迅速(快速反转、迅速加速)、小型质轻、输出功率大(即功率密度高)、效率高等特点，广泛应用于位置和速度控制上
	线性电动机	具有长行程的驱动并能表现高精密定位能力

(三)装配工具及使用方法

1. 螺丝刀

螺丝刀是用来旋紧或松开头部带沟槽的螺丝钉的专用工具。京津冀晋豫和陕西方言中称为“改锥”,安徽和湖北等地称为“起子”,长三角地区称为“旋凿”。

螺丝刀主要有一字和十字两种,常见的还有六角螺丝刀,包括内六角和外六角两种。螺丝刀分类如表 1.5 所示。

表 1.5 螺丝刀分类列表

序号	分　类	说　明
1	一字型	头部形状为一字
2	十字型	头部形状为十字
3	内六角	利用其较长的杆来增大力矩,从而更省力
4	外六角	利用其较长的杆来增大力矩,从而更省力

十字螺丝和十字螺丝刀是由亨利・飞利浦在 20 世纪 30 年代发明的,首先使用在汽车的装配线上,所以十字螺丝和十字螺丝刀也被称为飞利浦螺丝和飞利浦螺丝刀。

螺丝刀的使用应注意以下几点:

(1) 应根据旋紧或松开的螺丝钉头部的槽宽和槽形选用适当的螺丝刀;不能用较小的螺丝刀去旋拧较大的螺丝钉;十字螺丝刀用于旋紧或松开头部带十字槽的螺丝钉。

(2) 螺丝刀的刀口损坏、变钝时应随时修磨,用砂轮磨时要用水冷却。

(3) 应将工件夹固在夹具内,以防伤人。

2. 尖嘴钳

尖嘴钳主要用来剪切线径较细的单股与多股线,以及给单股导线接头弯圈、削塑料绝缘层等,能在较狭小的工作空间操作,不带刃口的只能夹捏工作,带刃口的能剪切细小零件。尖嘴钳示意图如图 1.22 所示。

3. 斜口钳

斜口钳主要用于剪切导线或其他较小金属及塑料等物,例如焊接后剪切多余的元器件引脚。斜口钳示意图如图 1.23 所示。

握住斜口钳手柄末端,剪切刀口较平的一面贴近电路板,在稍高于焊接点的位置处,剪去元器件引脚的多余部分。

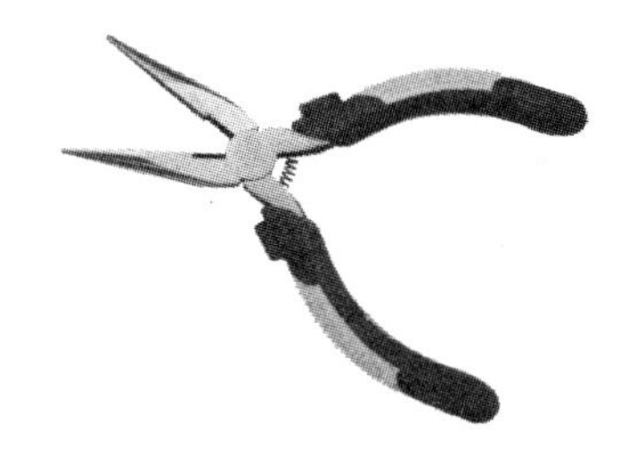

图 1.22　尖嘴钳示意图

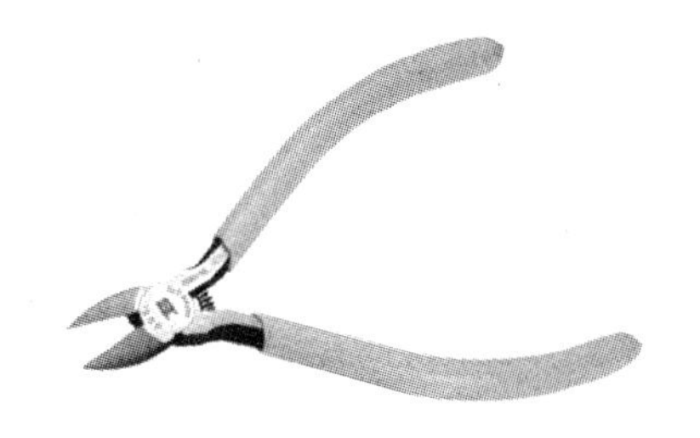

图 1.23　斜口钳示意图

剪线时，要特别注意防止剪下的线头飞出，伤人眼部。双目不能直视被剪物，使剪口朝下。当被剪物不易弯动方向时，可用另一手遮挡飞出的线头。

不允许用于剪切螺钉及较粗的金属件等，以免损坏钳口。只有常保持钳口结合紧密和刀口锐利，才能使剪切轻快，并使切口整齐。

4. 镊子

镊子主要用于在焊接时夹取导线和元器件，防止其移动，也可用来夹取微小器件。镊子示意图如图 1.24 所示。

5. 剥线钳

适用于塑料、橡胶绝缘电线、电缆芯线的剥皮。使用效率高、剥线尺寸准确、不易损伤芯线。剥线钳的钳口有数个不同直径的槽口，使用时应根据带剥导线的线径选用合适的槽口，以达到既能剥掉绝缘层又不损坏导线的目的。剥线钳示意图如图 1.25 所示。

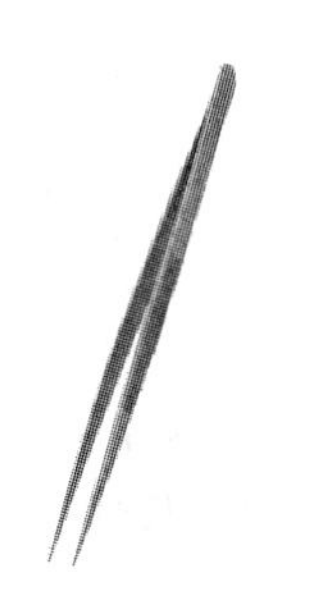

图 1.24　镊子示意图

图 1.25　剥线钳示意图

6. 电烙铁

电烙铁是手工焊接的主要工具，它的主要作用是加热焊接部位、熔化焊料，使焊料和被焊接金属牢固连接起来。电烙铁示意图如图 1.26 所示。

常用的电烙铁由烙铁头、烙铁芯、手柄及引线组成。

电烙铁的工作原理是：烙铁芯内的电热丝通电后，将电能转换成热能，经烙铁头

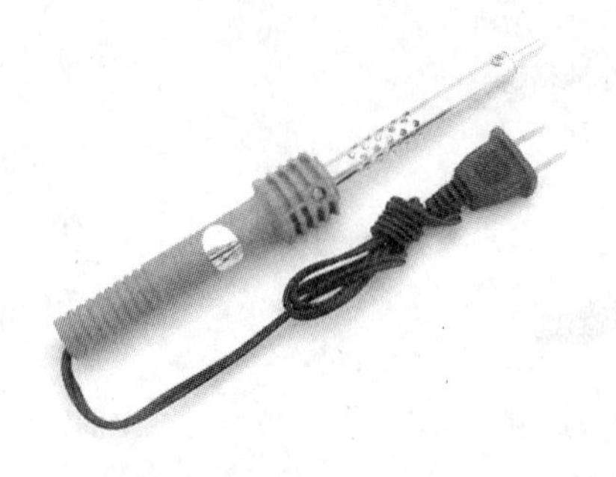

图 1.26　电烙铁示意图

把热量传递给被焊工件，对被焊接点部位的金属加热，同时熔化焊锡，完成焊接任务。

根据电烙铁发热器件的位置，通常将电烙铁分为内热式和外热式两种。

内热式电烙铁的烙铁芯安装在烙铁头内部，特点是热效率高(85%～90%)、发热快、体积小、耗电低，但易损坏。内热式电烙铁的规格多为小功率的，常用的有 20W、25W、35W、50W 等。功率越大，烙铁头的温度就越高。

外热式电烙铁的烙铁芯安装在烙铁头外面，使用寿命长，长时间工作时温度平稳，焊接时不易烫坏元器件。常用规格有 25W、40W、75W、100W、200W 等。

在电子制作过程中，通常选用 20W 的内热式电烙铁，电热丝的电阻值约为 2.4kΩ；或者选用 35W 的外热式电烙铁，电热丝的电阻值约为 1.3 kΩ，两者工作时头部温度均可达 350℃。使用电烙铁前后注意事项如表 1.6 所示。

表 1.6　使用烙铁注意事项

使用电烙铁前	使用电烙铁时
检查电线是否破损，如果破损，用绝缘胶裹好	注意安全，避免烫人、烫物、触电
检查烙铁头是否光亮，如果不光亮或凸凹不平，可以用锉刀或细砂纸修整，然后给烙铁头"镀锡"	如果烙铁头上挂有很多的锡，则不易焊接，可在带水的海绵或者烙铁架的钢丝上抹去多余的锡，不可在工作台或者其他地方抹去
检查烙铁头通电是否发热，如果不发热，可能是电源的开关没开启、插头没插好、电线或烙铁芯损坏，可通过万用表直流电阻挡测试烙铁芯的电阻值来判断	电烙铁不可通电时间过长，长时间通电将造成烙铁头温度过高，从而使烙铁头氧化变黑，导热性变差，不粘锡。亦会使烙铁芯烧断，缩短烙铁使用寿命

使用电烙铁焊接的方法如下。

(1) 将电烙铁的插头插在右手边插座上，电源线放置在手背外，将电烙铁手柄握在手心，和握笔方式相同，千万不要碰到电烙铁的金属部件，如图 1.27 所示。

(2) 用烙铁头给元器件引脚和电路板的焊盘同时加热。加热面积越大，传热效果越好，加热时间不宜过长，20W 内热式电烙铁的焊接时间一般为 2～3s。

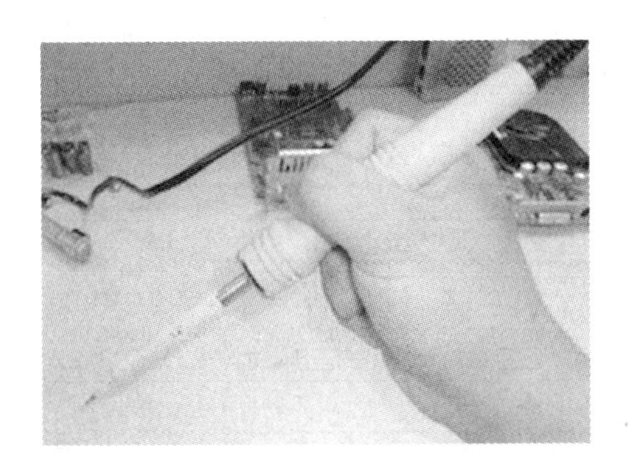

图 1.27　手握电烙铁示意图

(3) 送入焊锡丝，焊锡丝从烙铁对面接触焊件，并尽量与烙铁头正面接触。焊锡不要过多，过多容易造成短路。标准焊点应是顶尖底圆滑光亮，无短路、虚焊。焊接完毕，将烙铁头沿元器件引脚向上 45°方向提起。

(4) 电烙铁用完后，要放在烙铁架上，多余的元器件引脚用偏口钳剪掉。

7. 焊锡

焊锡是用熔点低的锡镉合金制成的，有的焊锡丝内含有焊锡膏，电子制作过程中，常用的焊锡丝含锡 63%，直径 0.8mm，熔点 183℃。

8. 焊锡膏

焊锡膏的主要成分是松香，它的主要作用是清除金属表面的氧化层，增加焊锡的浸润作用，主要用于导线镀锡。

五、实操训练

从 UTP3703 型直流稳压电源为例进行实操训练。

（一）直流稳压电源面板的介绍

直流稳压电源可提供电路工作所需的直流电压。UTP3703 型直流稳压电源的面板如图 1.28 所示。

(1) 电源开关(POWER)：将电源线接入，按电源开关，以接通电源。将电源开关按键弹出即为“关”位置。

(2) 主路电压调节旋钮(VOLTS)：位于 POWER 上方，此为主路电压调节旋钮。顺时针调节，电压由小变大；逆时针调节，电压由大变小。电压调节范围为 0～32V。

(3) 主路恒压指示灯(C.V)：位于主路电压调节旋钮旁边，当主路处于恒压状态

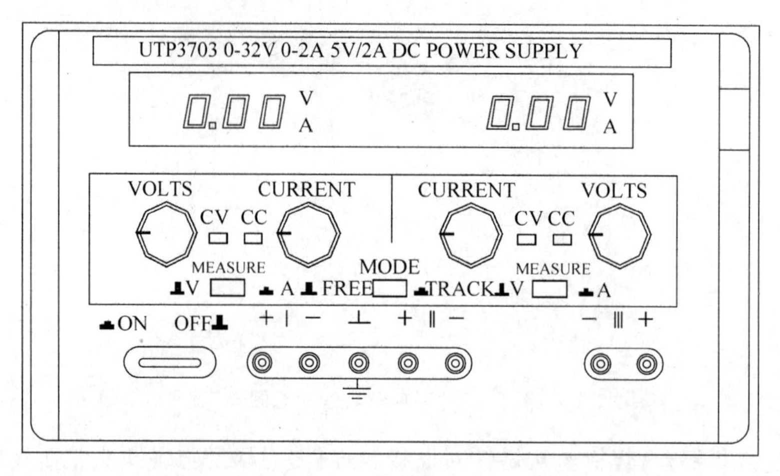

图 1.28　UTP3703 型直流稳压电源

时,C.V 指示灯亮。

(4) 输出端口(Ⅰ):此为主路输出端口。

(5) 主路电流调节旋钮(CURRENT):位于 FREE 标识上方,此为主路电流调节旋钮。顺时针调节,电流由小变大;逆时针调节,电流由大变小。

(6) 主路恒流指示灯(C.C):位于主路电流调节旋钮旁边,此为主路恒流指示灯。当主路处于恒流状态时,此灯亮。

(7) 输出端口(Ⅱ):此为从路输出端口。

(8) 输出端口(Ⅲ):此为固定 5V 输出端口。

(9) 从路电压调节旋钮(VOLTS):位于“输出端口(Ⅲ)”上方,此为从路电压调节旋钮。顺时针调节,电压由小变大;逆时针调节,电压由大变小。

(10) 从路恒压指示灯(C.V):位于从路电压调节旋钮旁边,此为从路恒压指示灯。当从路处于恒压状态时,此灯亮。

(11) 从路电流调节旋钮(CURRENT):位于 TRACK 标识上方,此为从路电流调节旋钮。顺时针调节,电流由小变大;逆时针调节,电流由大变小。

(12) 从路恒流指示灯(C.C):位于从路电流调节旋钮旁边,此为从路恒流指示灯。当从路处于恒流状态时,此灯亮。

(13) 主路电压显示窗口:位于主路旋钮上方,此为主路电压显示窗口。

(14) 主路电流显示窗口:位于主路旋钮上方,此为主路电流显示窗口。

(15) 从路电压显示窗口:位于从路旋钮上方,此为从路电压显示窗口。

(16) 从路电流显示窗口:位于从路旋钮上方,此为从路电流显示窗口。

(17) 电源独立、组合控制开关(MODE):此开关弹出,两路分别可独立使用。开关按下,电源进入跟踪状态。

注意:打开电源开关前先检查输入的电压,将电源线插入后面板上的交流插孔,设定各个控制键如下。

(1) 电源(POWER)：电源开关键弹出。

(2) 电压调节旋钮(VOLTS)：调至中间位置。

(3) 电流调节旋钮(CURRENT)：调至中间位置。

(4) 跟踪开关(TRACK)：置弹出位置。

所有控制键如上设定后，打开电源。

(二) 直流稳压电源的使用方法

(1) 打开电源开关。

(2) 调节电压或电流调节旋钮，调节到显示窗口显示所需要的直流电压或电流值。

(3) 将输出电源线接到电压输出或电流输出对应输出口，另一端接到电路中。

(4) 双路输出可调电源的独立使用，将(17)开关置于弹起位置(即■位置)。

(5) 双路(CH1、CH2)输出可调电源的跟踪使用。将(17)开关按下(即■位置)，调节主电源电压调节旋钮(2)，从路的输出电压严格跟踪主路输出电压，使输出电压最高可达两路电压的额定值之和。

注意：在两路电源处于串联状态时，两路的输出电压由主路控制，但是两路的电流调节仍然是独立的。因此，在两路串联时应注意电流调节旋钮的位置(11)，如旋钮(11)在逆时针到底的位置或从路输出电流超过限流保护点，此时，从路的输出电压将不再跟踪主路的输出电压。所以一般两路串联时应将旋钮(11)顺时针旋到最大。

(三) 固定5V输出

(1) 打开电源开关。

(2) 将输出电源线接到电压输出(Ⅲ)端输出口，另一端接到电路中。

(四) 由主路输出0～30V直流电压

(1) 打开电源开关。

(2) 调节电压调节旋钮，调节到显示窗口显示所需要的直流电压。

(3) 将输出电源线接到主路的电压输出端为(Ⅰ)，另一端接到电路中。

(五) 由从路输出0～30V直流电压

(1) 打开电源开关。

(2) 调节电压调节旋钮，调节到显示窗口显示所需要的直流电压。

(3) 将输出电源线接到主路的电压输出端为(Ⅱ),另一端接到电路中。

(六) 电流输出

(1) 打开电源开关。

(2) 调节主路电流调节旋钮或者从路电流调节旋钮,调节到显示窗口显示所需要的直流电流。

(3) 将输出电源线接到电流输出(Ⅰ)或者(Ⅲ)端,另一端接到电路中。

六、项目总结

本项目为机器人主体结构的组装与调试,按照项目实施、知识拓展、实操训练、项目总结的顺序展开讲解。

通过本项目的学习,学生应该掌握如下实践技能和重点知识:

(1) 机器人主体结构的组装方法。

(2) 直流电机的正确测试方法。

(3) 直流稳压电源工作原理。

(4) 电机的分类及特点。

以项目小组为单位,进行项目总结汇报,制作 PPT,每组派一人进行讲解。

七、阅读材料

(一) 直流稳压电源的发展及应用现状

1. 直流稳压电源的发展历史

直流稳压电源的历史可追溯到 19 世纪,在伟大的发明家爱迪生发明电灯时,就曾考虑过稳压器。

到 20 世纪初,就有铁磁稳压器以及相应的技术文献,电子管问世之后,一些科学家对电子管直流稳压器有了展望。

20 世纪 50 年代诞生了晶体管,这时直流稳压电源初见端倪,全球电子科技开始发展迅猛。

60 年代后期,科研人员对稳定电源技术进行新的尝试,使开关电源、可控硅电源得到快速发展,与此同时,集成稳压器也不断发展。

时至今日,在直流稳压电源领域,以电子计算机为代表的要求供电电压低、电流大的电源大都由开关电源担任;要求供电电压高、电流大的设备的电源由可控硅电源担任，小电流、低电压电源都采用集成稳压器。

2. 直流稳压电源的发展方向

直流稳压电源的发展向着智能化、数字化、模块化的方向发展。

目前在研制的高精度、高性能、多功能的测量控制仪表，都采用微处理器、智能化的直流稳压电源具有以下特点。

(1) 具有自检测功能，包括自动调零、自动故障检测与状态检测、自动校准、自诊断及量程自动转换等。系统能自动检测出故障的部位甚至故障的原因。这种自测试可以在系统启动时运行，同时也在系统工作中运行，极大地方便了系统的维护。

(2) 具有友好的人机对话能力。智能化的直流稳压电源使用键盘代替传统直流稳压电源中的切换开关，操作人员只需通过键盘输入命令，就能实现某种测量功能。与此同时，智能直流稳压电源还通过显示屏将仪器的运行情况、工作状态以及测量数据的处理结果及时告诉操作人员，使系统的操作更加方便直观。

(3) 网络管理能力。随着互联网技术应用日益普及和信息处理技术的不断发展，直流稳压电源通过 RS-232 接口实现与上位 PC 通信，从而使网络技术人员可以随时监视电源设备运行状态和各项技术参数，网络技术人员可通过网络定时开关电源，实现远程开关机等功能。

3. 典型直流稳压电源

(1) APS-1502 直流稳压电源

APS-1502 直流稳压电源如图 1.29 所示，该电源是高精度直流稳压电源，是一种电压可调型电源，指针显示输出电压和电流，可广泛用于通信设备等。

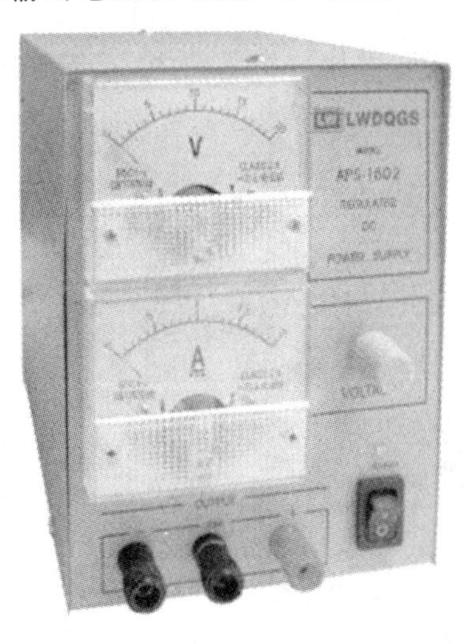

图 1.29　APS-1502 直流稳压电源

(2) YXW-12V5A 60W 监控电源

监控电源如图 1.30 所示,其输出电压 12V,输出电流 5A,输出功率 60W,采用脉宽调制开关技术,低功耗、高可靠性设计,保证了电源的稳定性和高效率,开关效率达到 85%,电源具有完善的过温保护、过压保护、短路保护和过载保护功能。产品存储温度为-45~85℃,电源动态响应性能优异,电源瞬态稳定性好,瞬间输出过载功率高,能适应不同的容性负载和感性负载或 LED 应用;产品适应性强,体积小,重量轻,有 LED 工作指示灯。

(3) KT9281 直流稳压电源

KT9281 直流稳压电源如图 1.31 所示,为火灾报警控制和消防联动控制系统而设计,输出电压可调,具有主电、备电工作指示,充电指示以及备电故障指示和过压、欠压保护功能。

图 1.30 YXW-12V5A 60W 监控电源

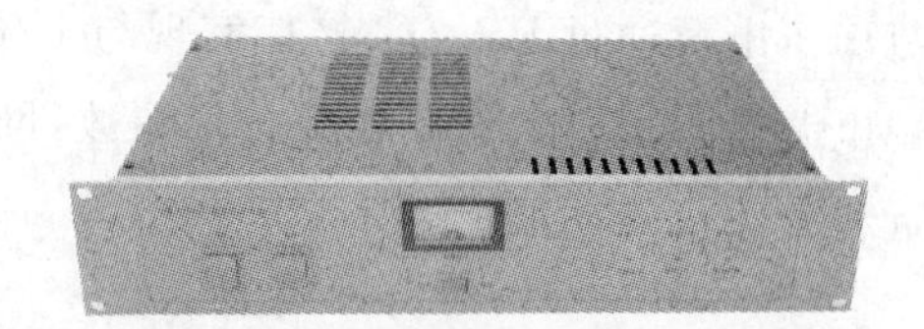

图 1.31 KT9281 直流稳压电源

(4) RS-1342 四路直流稳压电源

RS-1342 四路直流稳压电源如图 1.32 所示,用四组 LED 显示器分别显示四路输出电压值和电流值,具有稳压、稳流功能,CV/CC 能自动转换,电压/电流预置输出,自动跟踪输出,自动串/并联操作。串联使用,双倍电压输出;并联使用,双倍电流输出。

图 1.32 RS-1342 四路直流稳压电源

（二）工业机器人的发展及应用现状

工业机器人是机器人的一种，它由操作机、控制器、伺服驱动系统和检测传感器装置构成，是一种仿人操作自动控制、可重复编程、能在三维空间完成各种作业的机电一体化的自动化生产设备，特别适合于多品种、变批量柔性生产。它对稳定和提高产品质量，提高生产效率，改善劳动条件的快速更新换代起着十分重要的作用。

广泛地应用工业机器人，可以逐步改善劳动条件，更强与可控的生产能力，能加快产品更新换代，提高生产效率和保证产品质量，消除枯燥无味的工作，节约劳动力，提供更安全的工作环境，降低工人的劳动强度和劳动风险，提高机床工作效率，减少工艺过程中的工作量，缩减停产时间和库存，提高企业竞争力。

1. 工业机器人的发展

随着科技的不断进步，工业机器人的发展过程可分为三代。第一代为示教再现型机器人，它主要由机器手控制器和示教盒组成，可按预先引导动作记录下信息重复再现执行，当前工业中应用最多。第二代为感觉型机器人，如有力觉、触觉和视觉等，它具有对某些外界信息进行反馈调整的能力，目前已进入应用阶段。第三代为智能型机器人，它具有感知和理解外部环境的能力，在工作环境改变的情况下，也能够成功地完成任务，尚处于实验研究阶段。

2. 国外工业机器人的发展

美国是机器人的诞生地，早在 1961 年，美国的 Consolided Control Corp 和 AMF 公司联合研制了第一台实用的示教再现机器人。经过 50 多年的发展，美国的机器人技术在国际上仍一直处于领先地位。其技术全面、先进，适应性也很强。

日本在 1967 年从美国引进第一台机器人，1976 年以后，随着微电子的快速发展和市场需求的急剧增加，日本当时劳动力显著不足，工业机器人在企业里受到了“救世主”般的欢迎，因此日本工业机器人得到快速发展，现在无论是机器人的数量还是机器人的密度，都位居世界第一，素有“机器人王国”之称。

德国引进机器人的时间虽然比英国和瑞典大约晚了五六年，但战争所导致的劳动力短缺、国民的技术水平较高等社会环境，却为工业机器人的发展和应用提供了有利条件。此外，德国规定，一些危险、有毒、有害的工作岗位，必须由机器人来代替普通人进行劳动。这为机器人的应用开拓了广泛的市场，并推动了工业机器人技术的发展。目前，德国工业机器人的总数占世界第二位，仅次于日本。

法国政府一直比较重视机器人技术，通过大力支持一系列研究计划，建立了一套完整的科学技术体系，使法国机器人的发展比较顺利。在政府组织的项目中，特别注重机器人基础技术方面的研究,把重点放在开展机器人的应用研究上;而由工业界支持开展应用和开发方面的工作,两者相辅相成,使机器人在法国企业界得以迅速发展和普及,从而使法国在国际工业机器人界占据一席之地。

英国从20世纪70年代末开始,推行并实施了一系列措施支持机器人发展的政策,使英国工业机器人起步比当今的机器人大国日本还要早,并曾经取得了辉煌的成就。然而,后来政府对工业机器人实行了限制发展的错误决策。这个错误导致英国的机器人工业一蹶不振,在西欧几乎处于末位。

近些年,意大利、瑞典、西班牙、芬兰、丹麦等国家由于自身国内机器人市场的大量需求,发展速度非常迅速。

目前,国际上的工业机器人公司主要分为日系和欧系。日系中主要有安川、OTC、松下、FANLUC川崎等公司的产品。欧系中主要有德国的KUKA、CLOOS、瑞典的ABB、意大利的柯马(COMAU)。

3. 国内工业机器人的发展

我国工业机器人起步于20世纪70年代初期,经过多年发展,大致经历了3个阶段:20世纪70年代萌芽期、80年代的开发期和90年代之后的应用化期。

随着20世纪70年代世界科技快速发展,工业机器人的应用在全世界掀起了一个高潮,在这种背景下,我国于1972年开始研制自己的工业机器人。进入20世纪80年代后,随着改革开放的不断深入,在高技术浪潮的冲击下,我国机器人技术的开发与研究得到了政府的重视与支持,“七五”期间,国家投入资金,对机器人及零部件进行攻关,完成了示教再现式工业机器人成套技术的开发,研制出喷漆、点焊、弧焊和搬运机器人。1986年,国家高技术研究发展计划开始实施,经过几年研究,取得了大批科研成果,成功研制出一批特种机器人。

从20世纪90年代初期,我国国民经济进入实现两个根本转变期,掀起了新一轮的经济体制改革和技术进步热潮,我国的工业机器人又在实践中迈进了一大步,先后研制了点焊、弧焊、装配、喷漆、切割、搬运、码垛等各种用途的工业机器人,并实施了一批机器人应用工程,形成了一批工业机器人产业化基地,为我国机器人产业的腾飞奠定了基础。但是与发达国家相比,我国工业机器人还有很大差距。

目前,我国工业机器人公司主要有中国新松机器自动化股份有限公司和首钢莫托曼机器人有限公司。

4. 工业机器人的应用

目前,我国正从劳动密集型向现代化制造业方向发展,振兴制造业、实现工业化是我国经济发展的重要任务。作为先进制造业中不可替代的重要装备和手段,机器人的应用和普及自然成为企业理想的选择。随着企业自动化水平的不断提高，机器人自动化生产线的市场肯定会越来越大，将逐渐成为自动化生产线的主要形式。

未来，智能制造产业的发展对机器人的需求将越来越大，再加上人力成本的上升以及国家政策的扶持，我国机器人未来的增速可达 32％以上。据数据显示，2015 年，中国市场销量超过 75 011 台，同比增长 36.5％。假设 2015—2021 年我国年新增工业机器人供给年增长速度在 26％以上，预计 2021 年工业机器人年供应量超过 28.7 万台。

我国正在加速推进机器人创新中心的建设。作为五大工程之首，机器人创新中心是我国攻克“中国制造 2025”难题的一个突破口。现在，我国机器人正处在一个新旧转换的转折点，传统的机器人走到了终点，新的机器人刚刚起步。因此，国家基金委、科技部、工信部等有关部门正在加快机器人前沿创新的方式方法。

首先，国家基金委设立了机器人的专项研究领域，在机器人基础性领域进行布局。科技部则在机器人的前沿技术、关键共性技术、新的机器人平台等方面进行布局。另外，工信部更多是从制造工程的建设入手，推广机器人的示范应用。可以看到，我国在机器人产业的发展上从各个关键环节全面展开工作，在各个细分领域都筑起了坚实的壁垒。同时，也将这些堡垒连接在一起，编织成我国机器人产业发展战略网，为我国在未来国际机器人市场占据了战略性优势。

目前，我国在机器人领域的发展上已经完全形成一个较为完善的机器人产业体系。技术创新能力和国际竞争能力明显增强，产品性能和质量达到国际同类水平，关键零部件取得重大突破，基本满足市场需求。

八、巩固练习

1. 简述直流稳压电源的功能。
2. 简述直流稳压电源的发展方向。
3. 使用直流稳压电源产生 5V 的直流电压。
4. 使用直流稳压电源产生 1A 的直流电流。

子项目 2 机器人驱动电路的组装与调试

一、项目目标

- 了解电机驱动模块 L298N 各引脚的功能；
- 掌握电机驱动模块 L298N 的使用方法；
- 学会数字万用表的正确使用方法。

二、项目结构

以小型直流电机及其驱动电路为核心，设计并制作机器人驱动电路，并对相关元器件进行测试，完成该项目的具体过程如图 2.1 所示。

三、项目实施

（一）元器件清单

元器件清单如表 2.1 所示。

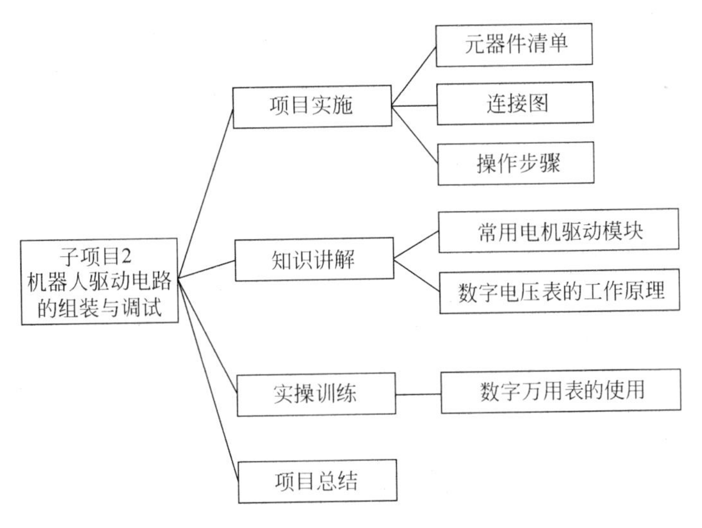

图 2.1　项目具体过程图

表 2.1　元器件清单表

元器件名称	型号/规格	数　　量
驱动模块	L298N	1 个
直流电机	12V	2 个
电池	18650	2 节
机器人底盘	两轮	1 套

（二）连接图

驱动模块是连接控制信号和执行器件的中间部件，需要控制信号模块作为输入，输出大电流信号给直流电机，同时需要独立的电源模块给驱动模块供电，电机驱动电路的连接如图 2.2 所示。

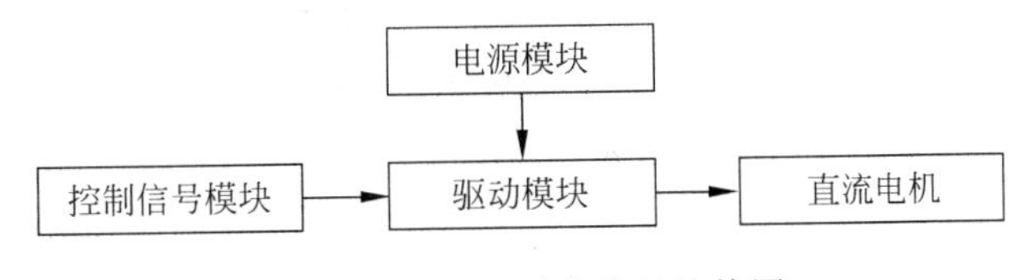

图 2.2　电机驱动电路的连接图

（三）操作步骤

L298N 驱动模块包含两路电机驱动电路，下面以其中一路为例进行操作。

(1) 观察驱动模块的结构，输入引脚 6 个，分别为 IN1、IN2、ENA、IN3、IN4、ENB，输出引脚 4 个，分别为 OUT1、OUT2、OUT3、OUT4，电源引脚 2 个，分别为 V_{CC}

和 GND。驱动模块结构示意图如图 2.3 所示。

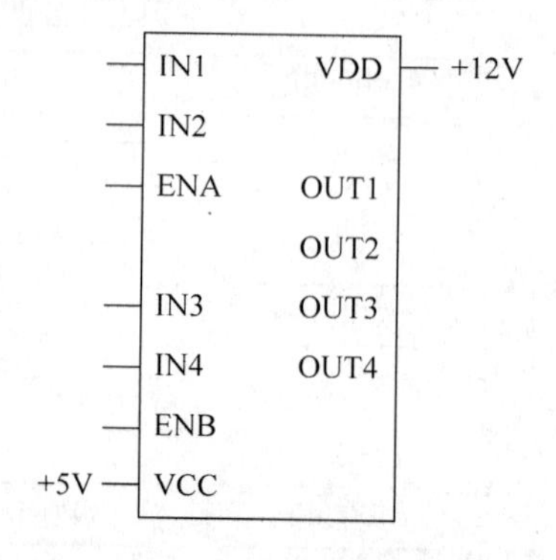

图 2.3　驱动模块结构示意图

(2) OUT1、OUT2 接一个电机的两端，制作 5V 和地的电源接线板，V_{cc} 接＋5V，GND 接地。

(3) 分别从 L298N 的 IN1、IN2、ENA 引出导线。

(4) ENA 接＋5V，IN1、IN2 分别接地，观察电机的运行状态，并将结果填入表 2.2 第 1 行中。

(5) ENA 接＋5V，IN1 接＋5V，IN2 接地，观察电机的运行状态，并将结果填入表 2.2 第 2 行中。

(6) ENA 接＋5V，IN1 接地、IN2 接＋5V，观察电机的运行状态，并将结果填入表 2.2 第 3 行中。

(7) ENA 接＋5V，IN1 接＋5V、IN2 接＋5V，观察电机的运行状态，并将结果填入表 2.2 第 4 行中。

(8) 将 ENA 改为接 0V，重复(4)～(7)，将结果填入表 2.2 第 5～8 行中。

表 2.2　电机运行状态表

序号	ENA	IN1	IN2	电机状态
1	＋5V	0V	0V	
2	＋5V	0V	＋5V	
3	＋5V	＋5V	0V	
4	＋5V	＋5V	＋5V	
5	0V	0V	0V	
6	0V	0V	＋5V	
7	0V	＋5V	0V	
8	0V	＋5V	＋5V	

动脑筋：对电机的运行状态进行总结，并思考如果有两个电机，分别带动两个轮子转动，如何实现前进、后退、左转和右转？

四、知识拓展

（一）常用电机驱动模块

L298N是SGS公司的产品，内部包含4通道逻辑驱动电路。是一种二相和四相电机的专用驱动器，内含两个H桥的高电压大电流双全桥式驱动器，接收标准TTL逻辑电平信号，可驱动46V、2A以下的电机。

L298N可驱动2个电机，OUTl和OUT2之间接1个电机，OUT3和OUT4之间接1个电机。

IN1、IN2为输入端，输入控制电平，控制电机的正反转。

ENA、ENB接控制使能端，控制电机的停转。L298N的逻辑功能如表2.3所示。

表2.3　L298N的逻辑功能表

ENA(B)	IN1(3)	IN2(4)	电机运行状态
H	H	L	正转
H	L	H	反转
H	同IN2(4)	同IN1(3)	快速停止
L	—	—	停止

控制器可以输出2组PWM波，每一组PWM波用来控制一个电机的速度，另外2个I/O口可以控制电机的正反转。即P10、P11控制第1个电机的方向，输入的PWMl控制第1个电机的速度；P12、P13控制第2个电机的方向，输入的PWM2控制第2个电机的速度。

由于电机在正常工作时对电源的干扰很大，只用一组电源时会影响单片机的正常工作，所以选用双电源供电。一组5V电源给单片机和控制电路供电，另外一组5V、9V电源给L298N的$+V_{SS}$、$+V_{S}$供电。在控制部分和电机驱动部分之间用光耦隔开，以免影响控制部分电源的品质。

（二）数字电压表的工作原理

数字式电压表首先对被测模拟电压进行处理、量化，再由数字逻辑电路进行数据处理，最后以数码形式显示测量结果，其组成如图2.4所示。

电路可分为模拟和数字两部分，两部分的功能如表2.4所示。

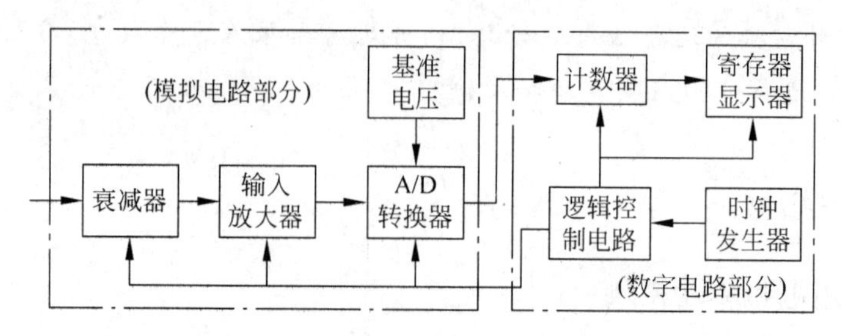

图 2.4 直流数字电压表的组成框图

表 2.4 模拟与数字功能说明表

	功能说明
模拟部分	包括衰减器、输入放大器和 A/D 转换器,用于模拟信号的电平转换,并将模拟被测量转换为与之成正比的数字量
数字部分	包括计数器、寄存器、显示器、逻辑控制电路和时钟发生器,其作用是完成整机逻辑控制、计数和显示等任务

A/D 转换器是数字电压表的核心。直流数字电压表根据 A/D 转换器的转换原理不同可分为几种类型,如表 2.5 所示。

表 2.5 A/D 转换类型及原理

类　　型	原　　理
比较型数字电压表	把被测电压与基准电压进行比较,以获得被测电压的量值,是一种直接转换方式
积分型数字电压表	利用积分原理首先把被测电压转换为与之成正比的中间量——时间或频率,再利用计数器测量该中间量。这类 A/D 转换器的特点是抗干扰能力强,成本低,但转换速度慢
复合型 A/D 转换器	将比较型和积分型结合起来的一种类型,取其各自优点,兼顾精确度、速度和抗干扰能力,适用于高精度测量

五、实操训练

以 VC97 数字万用表为例进行实操训练。

(一) 万用表前面板介绍

万用表界面示意图如图 2.5 所示。

(1) 液晶显示器。

显示仪表测量的数值及单位。

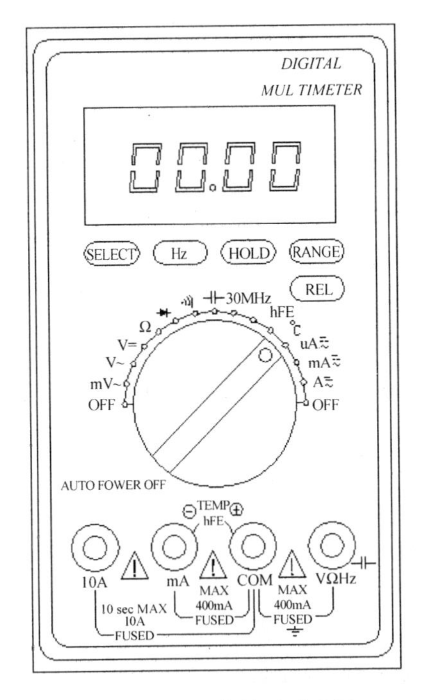

图 2.5　万用表界面示意图

(2) HOLD 按键。

按此功能,仪表当前所测数值保持在液晶显示屏幕上,显示器出现 HOLD 的符号,再按一次,退出保持状态。

(3) REL 按键。

按此键,读数清零,进入相对值测量,显示器出现 REL 符号,再按一次,退出相对值测量。

(4) Hz/DUTY 按键。

测量交流电压时,按此功能可切换频率/占空比/电压(电流);测量频率时,按此功能切换频率和占空比(1～99%)。

(5) SELECT 按键。

选择 DC 和 AC 工作方式。

(6) RANGE 按键。

选择自动量程或手动量程工作方式。

仪表起始状态为自动量程状态,显示 AUTO 符号,按此功能转换为手动量程,按一次增加一档,由低到高依次循环,持续按下此键长于 2s,则回到自动状态。

(7) 旋钮开关:用于改变测量功能及量程。

(8) 10A 电流测试插座。

(9) 400mA 电流测试插座。

(10) 公共地。

(11) 电压、电阻、频率插座。

(二) 直流电压测量

(1) 将黑表笔插入COM插孔,红表笔插入V插孔。

(2) 将功能开关转至V挡。

(3) 仪表起始为自动量程状态,显示AUTO符号,按RANGE按键转换为手动量程方式,可选400mV、4V、40V、400V、1000V量程。

(4) 将测试表笔接触测试点,红表笔所接的该点电压与极性将同时显示在屏幕上。

注意:手动量程方式时,如LCD显示OL,表明已超过量程范围,须将量程开关转至高一挡。

(三) 交流电压测量

(1) 将黑表笔插入COM插孔,红表笔插入V插孔。

(2) 将功能开关转至电压挡。

(3) 仪表起始为自动量程状态,显示AUTO符号,按RANGE按键转换为手动量程方式,可选400mV、4V、40V、400V、700V量程。

(4) 将测试表笔接触测试点,表笔所接两点的电压有效值显示在屏幕上。

(四) 直流电流测量

(1) 将黑表笔插入COM插孔,红表笔插入mA插孔中,最大量程为400mA;红表笔插入10A插孔中,最大量程为10A。

(2) 将功能开关转至电流挡,按"~/"键,选择DC测量方式,然后将仪表的表笔串入被测电路,被测电流值及红色表笔点的电流极性将同时显示在屏幕上。

注意:

(1) 如果事先对被测电流范围没有概念,应将量程开关转至最高挡位,然后根据显示值转至相应的挡位上。

(2) 如LCD显示OL,表明已超过量程范围,须将量程开关转至高一挡。

(3) 最大输入电流为400mA或者10A(视红表笔插入位置而定),过大的电流会将保险丝熔断,甚至损坏仪表。

(五) 交流电流测量

(1) 将黑表笔插入COM插孔,红表笔插入mA或10A插孔中。

(2) 将功能开关转至电流挡，按"～/"键，选择 AC 测量方式，然后将仪表测试表笔串入在被测电路，被测电流显示在屏幕上。

（六）电阻测量

(1) 将黑表笔插入 COM 插孔，红表笔插入"Ω"插孔。

(2) 将功能开关转至 Ω 挡，将两表笔跨接在被测电阻上。

(3) 按 RANGE 键，选择自动或手动量程方式。

(4) 如果测量阻值小的电阻，应先将表笔短路，按 REL 键一次，然后再测未知电阻，这样才能显示电阻的实际阻值。

注意：

(1) 使用手动量程方式时，如果事先无法估计被测电阻范围，应将开关调至最高的挡位。

(2) 如 LCD 显示 OL，表明已超过量程范围，须将量程开关调高一挡。当测量电阻超过 1MΩ 以上时，读数需几秒时间才能稳定，这在测量电阻时是正常的。

(3) 当输入端开路时，会显示超量程。

(4) 测量电路中的电阻时，要确认被测电路所有电源已关断，所有电容已完全放电，才可进行。

(5) 请勿在电阻挡输入电压，这是绝对禁止的。

（七）电容测量

(1) 将功能开关转至电容测量挡。

(2) 按 REL 键清零。

(3) 将被测电容对应极性插入 C 插座，或用测试表笔(注意红表笔极性为＋)将被测电容接入 COM、V Hz 输入端，屏幕上将显示电容容量。

(4) 测量大于 40mF 时需 15s 才能稳定。

注意：

(1) 严禁在测量电容时或电容未移开 Cx 插座时，同时在 V Hz 端输入电压或电流信号。

(2) 每次测试，必须按一次 REL 键清零，这样才能保证测量准确度。

(3) 电容挡仅有自动量程方式。

（八）频率测量

(1) 将表笔或屏蔽电缆接入 COM、Hz 输入端。

(2) 将功能开关转至 Hz 挡,将表笔或电缆跨接在信号源或被测负载上。

(3) 按 Hz/DUTY 键切换频率/占空比,显示被测信号的频率或占空比读数。

注意:

(1) 频率挡仅有自动量程工作方式。

(2) 输入超过 10V 交流有效值时,可以读数,但可能误差较大。

(九) 三极管电流放大系数测量

(1) 将功能开关转至 hFE 挡;

(2) 决定所测晶体管为 NPN 型或 PNP 型,将发射极、基极、集电极分别插入相应插孔,显示器显示三极管电流放大系数近似值。

(十) 二极管测试

(1) 将黑表笔插入 COM 插孔,红表笔插入 V 插孔(注意红表笔极性为+)。

(2) 将功能开关转到"二极管"挡。

(3) 正向测量:将红表笔接到被测二极管正极,黑表笔接到二极管负极,显示器显示为二极管正向压降的近似值。

(4) 反向测量:将红表笔接到被测二极管负极,黑表笔接到二极管正极,显示器显示 OL。

(5) 完整的二极管测试包括正反向测量,如果测试结果与上述不符,说明二极管是坏的。

注意:请勿在二极管挡输入电压。

(十一) 通断测试

(1) 将黑表笔插入 COM 插孔,红表笔插入 V 插孔。

(2) 将功能开关转至"蜂鸣器"挡。

(3) 将表笔连接到待测线路的两端,如果电阻值低于 50Ω,则内置蜂鸣器发声。

(十二) 数据保持

按一下保持开关,当前数据就会保持在显示器上,再按一下数据保持取消,重新计数。

(十三) 自动断电

(1) 当仪表停止使用 15min 后,仪表便自动断电,然后进入睡眠状态,断电前

1min 内置蜂鸣器会发出 5 声提示；若要重新启动电源，按任意键就可重新通电源。

(2) 先按住“～/”键再开机，可取消自动断电功能。

六、项目总结

本项目为机器人主体结构的组装与调试，按照项目实施、知识拓展、实操训练、项目总结的顺序展开讲解。

通过本项目的学习，学生应该掌握如下实践技能和重点知识：

(1) 机器人驱动电路的连接与调试。

(2) 数字万用表测量参数的正确方法。

(3) 驱动电路的工作原理。

(4) 数字万用表的工作原理。

以项目小组为单位，进行项目总结汇报，制作 PPT，每组派一人进行讲解。

七、阅读材料

(一) 万用表的发展及应用现状

1. 万用表的发展历史

旧的模拟仪表的测量精度在 5%～10%之间，现代便携数字万用表则可以达到±0.025%，而工作台设备精度更高达百万分之一。

早期的万用表使用磁石偏转指针的表盘，与经典的电流计相同；模拟万用表在二手市场上不难找到，但不太精确，这是因为调零和从仪表面板上的读数都容易产生偏差。有的模拟万用表使用真空管来放大输入的信号，这种设计的万用表也被称为真空管伏特计或真空管万用表。

现在则采用 LCD 进行数字显示。现代万用表已全部数字化，并被专称为数字万用表。在这种设备中，被测量信号被转换成数字电压并被数字的前置放大器放大，然后由数字显示屏直接显示该值，这样就避免了在读数时的视差带来的偏差。

2. 数字万用表的发展方向

现代数字万用表逐渐趋于集成化，且向低功耗方向发展。

如手持式数字万用表采用单片 A/D 转换器，外围电路比较简单，只需少量辅助芯片和元器件。

近年来单片数字万用表专用芯片问世，使用一片 IC 即可构成功能比较完善的自动量程数字万用表，为简化设计和降低成本创造了有利条件。

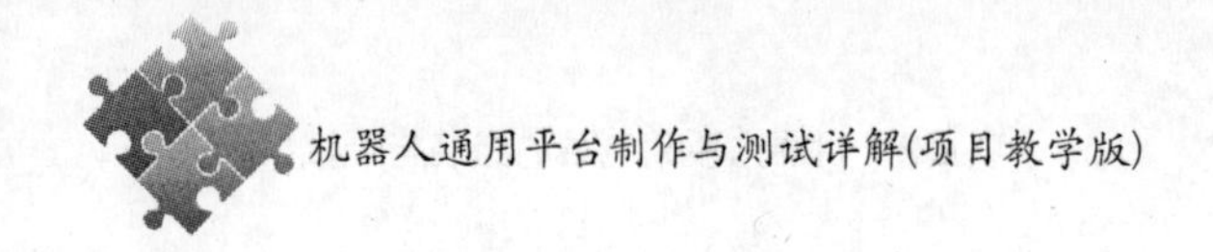

新型数字万用表普遍采用CMOS大规模集成电路的A/D转换器,整机功耗很低。

3. 典型万用表

(1) MF500指针万用表

MF500指针万用表如图2.6所示,非常耐用,1986年产,重量将近2kg,是一款高灵敏度、多量限的磁电式整流仪表。该仪表具有24个测量量限。可测量交/直流电压、直流电流、电阻、音频电平;如外接附加装置,还可直测电感及电容。

图2.6　MF500型万用表

(2) 47型系列万用表

47型系列万用表磁电式整流式多量限万用表,测量范围宽,可测量直流电流、直流电压、交流电压和直流电阻等,具有26个基本量程和电平、电容、电感、晶体管直流参数7个附加参考量程,重量0.5kg。MF47型万用表如图2.7所示,套件安装调试方便,成品实用性强。电路与教学结合性强,适合学生组装。

图2.7　MF47指针万用表

(3) KT7040 指针万用表

KT7040 指针万用表如图 2.8 所示，交流/直流电压最高可测 1000V，直流电流最大可测 10A，电阻测量最大可测 20MΩ，可进行通断测试和二极管测试；重量大约 470g，含电池；是适用于高灵敏度、高精度场合的指针万用表。

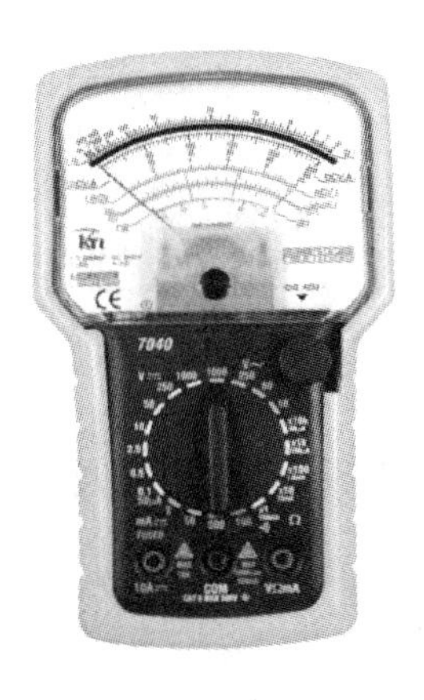

图 2.8　KT7040 指针万用表

(4) VICTOR9807A ＋VC9807A 数字万用表

VICTOR9807A ＋VC9807A 数字万用表如图 2.9 所示，有新型防振套，流线形设计，手感舒适；大屏幕荧光显示，字迹清楚；金属屏蔽板，防磁，抗干扰能力强；正常操作不断电，具有全保护功能；新型的电池门设计，易换电池。

图 2.9　Victor9807a 数字万用表

(5) MS8228 数字万用表

MS8228 数字万用表如图 2.10 所示，是具有红外测温功能的数字多用表，可测量交/直流电压、交/直流电流、电阻、电容、频率、占空比及线路通断，可进行二极管测试和湿度、温度测量。

图 2.10　MS8228 数字万用表

(6) KJ-317 数字钳形万用表

KJ-317 数字钳形万用表如图 2.11,LCD 显示,最大读数为 3999,最大钳口直径为 40mm;1000A 大电流测量,4A 交流钳形小电流测量,分辨率 0.001A;可自动/手动量程切换,具有温度测量功能,拥有全量程过载保护,符合双重绝缘和污染等级的安全要求,过电压达到 CATIII 600V;外形时尚,使用方便,应用比较广泛。

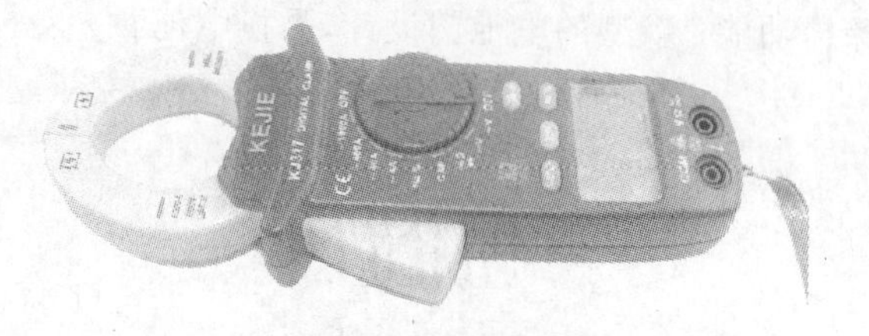

图 2.11　KJ-317 数字钳形万用表

(7) 笔式万用表

笔式万用表如图 2.12 所示,一体型、高精度、多功能、人性化设计,可显示 4000 字,文字高 8mm。可进行最大值/最小值测量,自动关机,全量程保护,量程选择有手动和自动两种。在测量高精度场合,可选择手动量程,最高精度可达±0.2%。在狭小空间或密集的配电装置和电器修理中,使用十分方便。

(8) RIGOL DM3068 数字万用表

RIGOL DM3068 数字万用表如图 2.13 所示,是一款高精度、多功能、满足自动测量需求的 6½ 位数字万用表。DM3068 集自动测量、多种数学变换和任意传感器测量等功能于一身。同时实时的趋势绘图和直方图显示功能使用户可以更加直观地观察信号的变化情况。

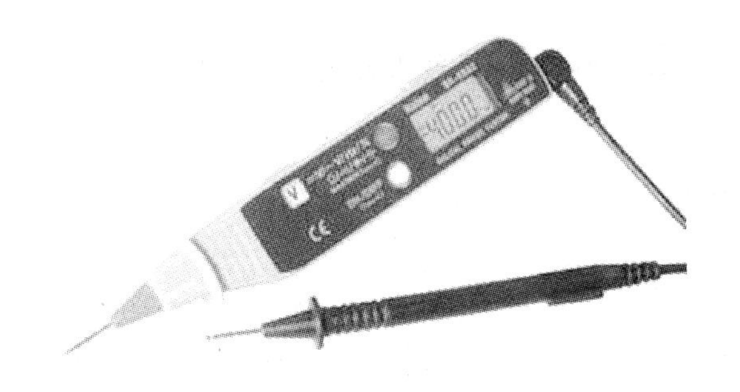

图 2.12　笔式万用表

随着计算机技术的发展，万用表所记录的海量信息需要用计算机进行处理，这对万用表的数据采集功能提出了很高的要求，高档现代数字万用表可以在提供高精度的情况下进行高速数据采集。

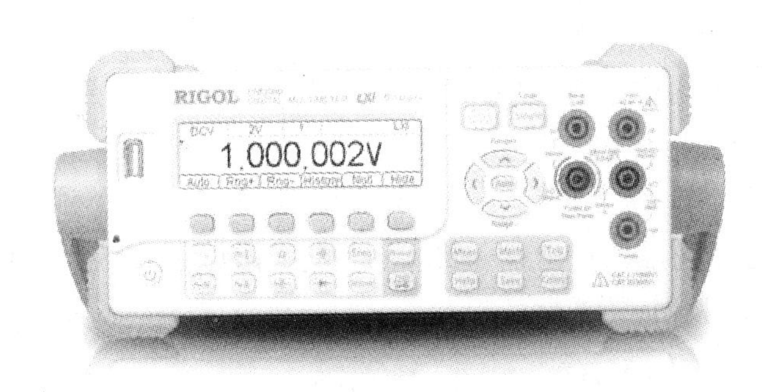

图 2.13　RIGOL DM3068 数万用表

（二）测量及其误差

由于测量方法和仪器设备的不完善、周围环境的影响，以及人的观察力等限制，实际测量值和真值之间，总是存在一定的差异。人们常用绝对误差、相对误差等来说明一个近似值的准确程度。为了评定实验测量数据的精确性或误差，认清误差的来源及其影响，需要对测量的误差进行分析和讨论。由此可以判定哪些因素是影响实验精确度的主要方面，进一步改进测量方法，缩小实际测量值和真值之间的差值，提高测量的精确性。

1. 误差的表示方法

利用任何量具或仪器进行测量时，总会存在误差，测量结果总不可能准确地等于被测量的真值，而只是它的近似值。测量的质量高低以测量精确度作为指标，根据测量误差的大小来估计测量的精确度。测量结果的误差越小，就认为测量越精确。

(1) 绝对误差

测量值和真值之差为绝对误差,通常称为误差,记为

$$\Delta = X - A_0 \tag{2.1}$$

式中,Δ——绝对误差;

X——测量值;

A_0——真值;

由于真值一般无法求得,因而式(2.1)只有理论意义。常用高一级标准仪器的示值 A 代替真值 A_0。高一级标准仪器存在较小的误差。X 与 A 之差称为仪器的示值绝对误差,记为

$$\Delta = X - A \tag{2.2}$$

式中,Δ——绝对误差;

X——测量值;

A——高一级标准仪表的示值。

与 Δ 相反的数称为修正值,记为

$$C = -\Delta = A - X \tag{2.3}$$

(2) 相对误差

衡量某一测量值的准确程度,一般用相对误差来表示。示值绝对误差 Δ 与被测量的实际值 A 的百分比值称为实际相对误差。记为

$$\gamma_A = \frac{\Delta}{A} \times 100\% \tag{2.4}$$

式中,γ_A——实际相对误差;

Δ——绝对误差;

A——实际值;

以仪器的示值 X 代替实际值 A 的相对误差称为示值相对误差。记为

$$\gamma_X = \frac{\Delta}{X} \times 100\% \tag{2.5}$$

式中,γ_X——示值相对误差;

Δ——绝对误差;

X——测量值。

一般来说,除了某些理论分析外,用示值相对误差较为适宜。

(3) 引用误差

为了计算和划分仪表精确度等级,提出引用误差的概念。其定义为仪表示值绝对误差与量程范围之比。

$$\gamma_A = \frac{\text{示值绝对误差}}{\text{量程范围}} \times 100\% = \frac{\Delta}{X_{\mathrm{n}}} \times 100\% \tag{2.6}$$

式中，γ_A——引用误差；

Δ——示值绝对误差；

X_n——标尺上限值－标尺下限值。

2. 测量仪表精确度

测量仪表的精度等级是用最大引用误差(又称允许误差)来标明的。它等于仪表最大示值绝对误差与仪表的量程范围之比的百分数。

$$\gamma_{nmax} = \frac{\text{最大示值绝对误差}}{\text{量程范围}} \times 100\% = \frac{\Delta_{max}}{X_n} \times 100\% \tag{2.7}$$

式中，γ_{nmax}——引用误差；

Δ_{max}——仪表示值的最大绝对误差；

X_n——量程范围，即标尺上限值减去标尺下限值。

测量仪表的精度等级是国家统一规定的，把允许误差中的百分号去掉，剩下的数字的绝对值称为仪表的精度等级。例如某台压力计的允许误差为 1.5%，这台压力计电工仪表的精度等级就是 1.5，通常简称 1.5 级仪表。我国仪表的精度等级分 7 级：0.1、0.2、0.5、1.0、1.5、2.5、5.0。

仪表的精度等级常以圆圈内的数字标明在仪表的面板上。仪表精度等级示意图如图 2.14 所示。

图 2.14 仪表精度等级示意图

仪表的精度等级为 a，它表明仪表在正常工作条件下，其最大引用误差的绝对值 Δ_{max} 不能超过的界限，即

$$\gamma_{nmax} = \frac{\Delta_{max}}{X_n} \times 100\% \leqslant a\% \tag{2.8}$$

由式(2.8)可知，在应用仪表进行测量时所能产生的最大绝对误差为

$$\Delta_{max} \leqslant a\% \cdot X_n \tag{2.9}$$

例 2.1 用量限为 5A，精度为 0.5 级的电流表，分别测量两个电流，$I_1 = 5\text{A}$，$I_2 = 2.5\text{A}$，试求测量 I_1 和 I_2 的相对误差为多少？

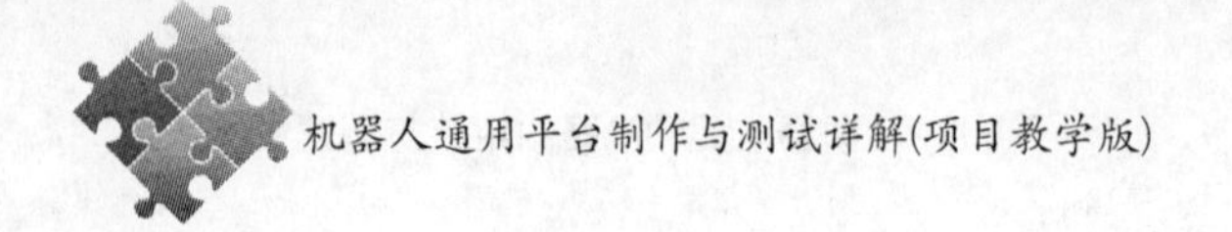

解：

$$\gamma_{m1} = a\% \times \frac{I_n}{I_1} = 0.5\% \times \frac{5}{5} = 0.5\% \quad (2.10)$$

$$\gamma_{m2} = a\% \times \frac{I_n}{I_2} = 0.5\% \times \frac{5}{2.5} = 1.0\% \quad (2.11)$$

该例说明，当仪表的精度等级选定时，所选仪表的测量上限越接近被测量的值，则测量的相对误差值越小。

例 2.2 欲测量约 90V 的电压，实验室现有 0.5 级 0.300V 和 1.0 级 0～100V 的电压表。问选用哪一种电压表进行测量更好？

解：用 0.5 级 0～300V 的电压表测量 90V 的相对误差为

$$\gamma_{m0.5} = a_1\% \times \frac{U_n}{U} = 0.5\% \times \frac{300}{90} = 1.7\% \quad (2.12)$$

用 1.0 级 0～100V 的电压表测量 90V 的相对误差为

$$\gamma_{m1.0} = a_2\% \times \frac{U_n}{U} = 1.0\% \times \frac{100}{90} = 1.1\% \quad (2.13)$$

该例说明，如果选择得当，用量程范围适当的 1.0 级仪表进行测量，能得到比用量程范围大的 0.5 级仪表更准确的结果。因此，在选用仪表时，应根据被测量值的大小，在满足被测量数值范围的前提下，尽可能选择量程小的仪表，并使测量值大于所选仪表满刻度的 2/3，即 $X>2X_n/3$。这样既可以达到满足测量误差要求，又可以选择精度等级较低的测量仪表，从而降低测量成本。

3. 测量方法

测量是以确定量值为目的的一系列操作，所以测量也就是将被测量与同种性质的标准量进行比较，确定被测量对标准量的倍数。由测量所获得的被测的量值叫测量结果。测量结果可用一定的数值表示，也可以用一条曲线或某种图形表示。但无论其表现形式如何，测量结果应包括三部分：大小、符号(正或负)、单位三个要素。

在工程上，所要测量的参数大多数为非电量，这促使人们用电测的方法来研究非电量，即研究用电测的方法测量非电量的仪器仪表，研究如何能正确和快速地测得非电量的技术。

实现被测量与标准量比较得出比值的方法，称为测量方法。对于测量方法，从不同角度有不同的分类方法。

- 根据获得测量值的方法可分为直接测量、间接测量和组合测量；
- 根据测量的精度因素情况，可分为等精度测量与非等精度测量；
- 根据测量方式可分为偏差式测量、零位法测量与微差法测量。

(1) 直接测量、间接测量与组合测量

直接测量：在使用仪表或传感器进行测量时，对仪表读数不需要经过任何运算就能直接表示测量所需要结果的测量方法称为直接测量。直接测量的优点是测量过程简单迅速，但是测量精度不够高。例如，用磁电式电流表测量电路的某一支路电流，用弹簧管压力表测量压力等，都属于直接测量。

间接测量：在使用仪表或传感器进行测量时，首先对与被测量有确定函数关系的几个量进行测量，将被测量代入函数关系式，经过计算得到所需要的结果，这种测量称为间接测量。例如，通过影子测量旗杆的高度；通过测量电流 I 和电阻 R 来测量电压值。间接测量测量手续较多，花费时间较长，一般用在直接测量不方便或者缺乏直接测量手段的场合。

组合测量：若被测量必须经过求解联立方程组，才能得到最后结果，则称这样的测量为组合测量。例如，通过测量串联后电阻和 R_1+R_2、并联后电阻和 $R_1 \times R_2/(R_1+R_2)$，来计算得到 R_1、R_2。组合测量是一种特殊的精密测量方法，操作手续复杂，花费时间长，多用于科学实验或特殊场合。

(2) 等精度测量与不等精度测量

用相同仪表与测量方法对同一被测量进行多次重复测量，称为等精度测量；用不同精度的仪表或不同的测量方法，或在环境条件相差很大时对同一被测量进行多次重复测量称为非等精度测量。

(3) 偏差式测量、零位式测量与微差式测量

用仪表指针的位移(即偏差)决定被测量的量值，这种测量方法称为偏差式测量。应用这种方法测量时，仪表刻度事先用标准器具标定。在测量时，输入被测量，按照仪表指针在标尺上的示值，决定被测量的数值。这种方法测量过程比较简单、迅速，但测量结果精度较低。

用指零仪表的零位指示检测测量系统的平衡状态，在测量系统平衡时，用已知的标准量决定被测量的量值，这种测量方法称为零位式测量。在测量时，已知标准量直接与被测量相比较，已知量应连续可调，指零仪表指零时，被测量与已知标准量相等。例如天平、电位差计等。零位式测量的优点是可以获得比较高的测量精度，但测量过程比较复杂，费时较长，不适用于测量迅速变化的信号。

微差式测量是综合了偏差式测量与零位式测量的优点而提出的一种测量方法。它将被测量与已知的标准量相比较，取得差值后，再用偏差法测得此差值。应用这种方法测量时，不需要调整标准量，只需测量两者的差值。微差式测量的优点是反应快，而且测量精度高，特别适用于在线控制参数的测量。

测量的目的就是为了最接近地求取真值，下面介绍真值的概念和一般情况下真值的确定方法。

真值是待测物理量客观存在的确定值，也称理论值或定义值。通常真值是无法测得的。若测量的次数无限多，根据误差的分布定律，正负误差的出现几率相等，再经过

细致地消除系统误差,将测量值加以平均,可以获得非常接近于真值的数值。但是实际上测量的次数总是有限的。用有限测量值求得的平均值只能是近似真值,常用的平均值有下列几种。

(1) 算术平均值

算术平均值是最常见的一种平均值。

设 $x_1, x_2, \cdots\cdots, x_n$ 为各次测量值,n 代表测量次数,则算术平均值为

$$\bar{x} = \frac{x_1 + x_2 + \cdots + x_n}{n} = \frac{\sum_{i=1}^{n} x_i}{n} \tag{2.14}$$

(2) 几何平均值

几何平均值是将一组 n 个测量值连乘并开 n 次方求得的平均值。即

$$\bar{x}_{几} = \sqrt[n]{x_1 \cdot x_2 \cdots x_n} \tag{2.15}$$

(3) 均方根平均值

$$\bar{x}_{均} = \sqrt{\frac{x_1^2 + x_2^2 + \cdots + x_n^2}{n}} = \sqrt{\frac{\sum_{i=1}^{n} x_i^2}{n}} \tag{2.16}$$

4. 误差分类

误差产生的原因多种多样,根据误差的性质和产生的原因,一般分为三类。

(1) 系统误差

系统误差是指在测量和实验中未发觉或未确认的因素所引起的误差,而这些因素影响结果永远朝一个方向偏移,其大小及符号在同一组实验测定中完全相同,实验条件一经确定,系统误差就获得一个客观上的恒定值。

当改变实验条件时,就能发现系统误差的变化规律。

系统误差产生的原因:测量仪器不良,如刻度不准、仪表零点未校正或标准表本身存在偏差等;周围环境的改变,如温度、压力、湿度等偏离校准值;实验人员的习惯和偏向,如读数偏高或偏低等引起的误差。针对仪器的缺点、外界条件变化影响的大小、个人的偏向,待分别加以校正后,系统误差是可以清除的。

(2) 随机误差

在已消除系统误差的一切量值的观测中,所测数据仍在末一位或末两位数字上有差别,而且它们的绝对值和符号的变化,时大时小,时正时负,没有确定的规律,这类误差称为偶然误差或随机误差。随机误差产生的原因不明,因而无法控制和补偿。但是,倘若对某一量值进行足够多次的等精度测量后,就会发现偶然误差完全服从统计规律,误差的大小或正负的出现完全由概率决定。因此,随着测量次数的增加,随机误差的算术平均值趋近于零,所以多次测量结果的算数平均值将更接近于真值。

(3) 粗大误差

粗大误差是一种明显与事实不符的误差，它往往是由于实验人员粗心大意、过度疲劳和操作不正确等原因引起的。此类误差无规则可寻，只要加强责任感、细心操作，过失误差是可以避免的。

八、巩固练习

1. 制作一个驱动电路，列出元件清单，并画出电路图。
2. 万用表的种类有哪些?
3. 简述万用表的发展。

子项目3 机器人传感电路的组装与调试

一、项目目标

- 掌握红外传感器的使用方法和电路原理；
- 学会端口状态判断方法；
- 掌握利用红外传感器检测障碍物的方法。

二、项目结构

以红外光电传感器为核心，组装并调试障碍物检测电路，并对相关元器件进行测试，具体实施过程如图 3.1 所示。

三、项目实施

（一）元器件清单

元器件清单如表 3.1 所示。

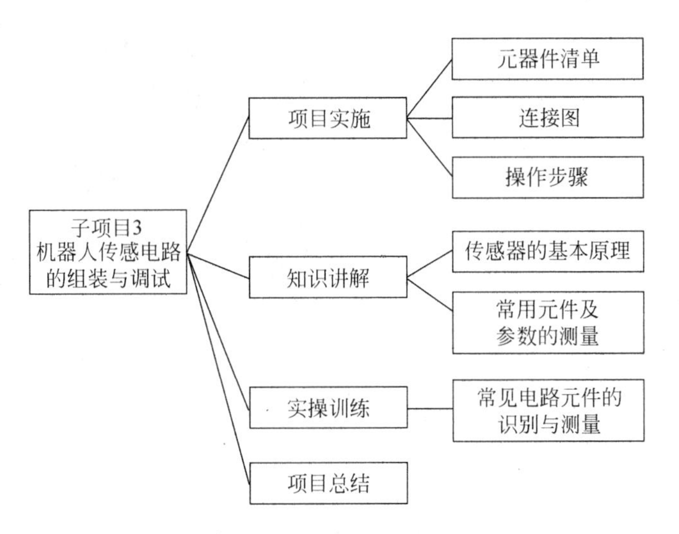

图 3.1　项目具体过程图

表 3.1　元器件清单表

元器件名称	型　　号	数　　量
光电传感器	NPN 型	1
直流稳压电源	UTP3703	1

（二）连接图

检测电路相当于系统的输入通道，是控制器获取外界信息的桥梁和纽带，该电路需要电源电路供电，同时利用显示模块进行显示，检测电路连接如图 3.2 所示。

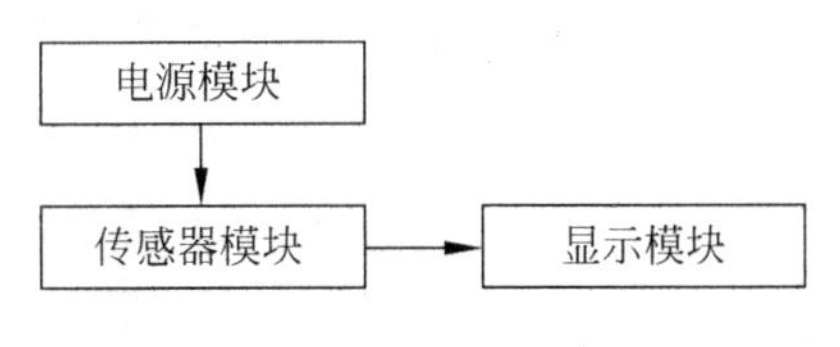

图 3.2　检测电路连接图

（三）操作步骤

光电传感器模块包含三条引线，下面对具体操作步骤进行描述。

（1）观察光电传感器模块的结构，电源引脚 2 个，输出引脚 1 个，传感器模块结构示意图如图 3.3 所示。

（2）给红外传感器供 5V 电源，即红线接＋5V，黑线接地。

（3）在传感器前放置障碍物，通过示波器观察波形变化，将结果填入表 3.2 中第 1 行。障碍物检测示意图如图 3.4 所示。

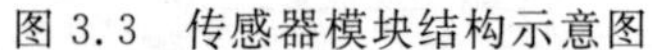

图 3.3　传感器模块结构示意图

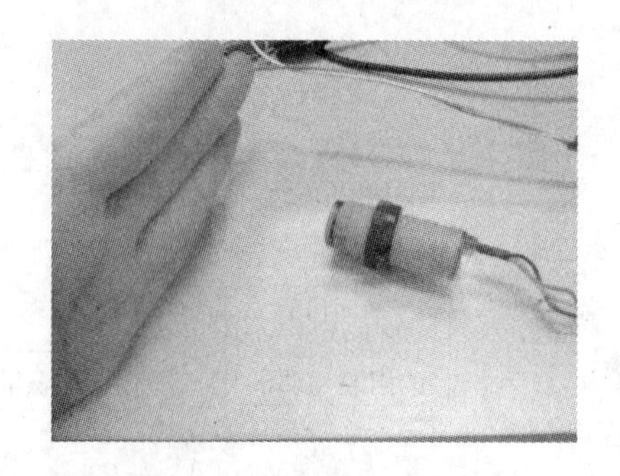

图 3.4　障碍物检测示意图

(4) 把传感器前障碍物移开，通过示波器观察波形变化，将结果填入表 3.2 中第 2 行。

表 3.2　传感器测试结果表

序　号	障碍物(有、无)	输出电压
1		
2		

(5) 把一个传感器安装在机器人小车的正前方。

动脑筋：将一个传感器安装在小车的正前方，当没有障碍时，小车向前运行；当遇到障碍时，小车立即停止。请设计一种方案，实现上述功能。

(6) 把两个传感器安装在机器人小车的前方，左右侧各一个。

动脑筋：将两个传感器安装在小车正前方的左右两侧，当两个传感器都没有检测到障碍时，小车向前运行；当左侧传感器遇到障碍时，小车右转；当右侧传感器遇到障碍时，小车左转；当两个传感器同时遇到障碍时，小车立即停止。请设计一种方案，实现上述功能。

四、知识拓展

(一) 传感器的基本原理

1. 传感器的定义

国家标准 GB7665.87 对传感器的定义是："能感受规定的被测量并按照一定的规律转换成可用信号的器件或装置，通常由敏感元件和转换元件组成。"传感器是一种检测装置，能感受到被测量的信息，并能将检测感受到的信息按一定规律变换成为电信号或其他所需形式的信息输出，以满足信息的传输、处理、存储、显示、记录和控制等要求。它是实现自动检测和自动控制的首要环节。传感器的输出信号多为易于处理的电量，如电压、电流、频率等。传感器的组成框图如图 3.5 所示。

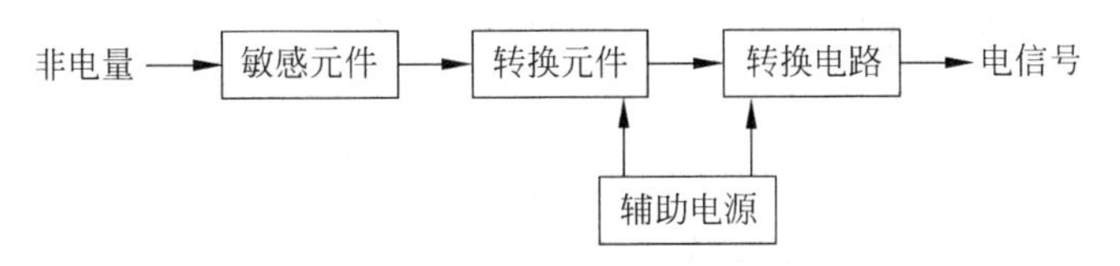

图 3.5　传感器的组成框图

图 3.5 中敏感元件是在传感器中直接感受被测量的元件。即被测量通过传感器的敏感元件转换成一个与之有确定关系、更易于转换的非电量。这一非电量通过转换元件被转换成电参量。转换电路的作用是将转换元件输出的电参量转换成易于处理的电压、电流或频率量。应该指出，有些传感器将敏感元件与转换元件合二为一了。

2. 传感器分类

根据某种原理设计的传感器可以同时检测多种物理量，而有时一种物理量又可以用几种传感器测量，传感器有很多种分类方法。但目前对传感器尚无一个统一的分类方法，比较常用的有如下三种。

(1) 按传感器的物理量分类，可分为位移、力、速度、温度、湿度、流量等传感器。

(2) 按传感器的工作原理分类，可分为电阻、电容、电感、电压、霍尔、光电、光栅、热电偶等传感器。

(3) 按传感器输出信号的性质分类，可分为：输出为开关量(1 和 0 或"开"和"关")的开关型传感器、输出为模拟型传感器、输出为脉冲或代码的数字型传感器。

3. 传感器数学模型

传感器检测被测量，应该按照规律输出有用信号，因此，需要研究其输出和输入之间的关系及特性，理论上用数学模型来表示输出和输入之间的关系和特性。

传感器可以检测静态量和动态量，由于输入信号的不同，传感器表现出来的关系和特性也不尽相同。在这里将传感器的数学模型分为动态和静态两种，本书只研究静态数学模型。

静态数学模型是指在静态信号作用下，传感器输出与输入量之间的一种函数关系。表示为

$$y = a_0 + a_1 x + a_2 x^2 + \cdots + a_n x^n \tag{3.1}$$

式中，x——输入量；

y——输出量；

a_0——零输入时的输出，也称零位误差；

a_1——传感器的线性灵敏度，用 K 表示；

$a_2,\cdots,a_n$——非线性项系数。

根据传感器的数学模型，一般把传感器分为三种。

(1) 理想传感器，静态数学模型表现为 $y=a_1x$；

(2) 线性传感器，静态数学模型表现为 $y=a_0+a_1x$；

(3) 非线性传感器，静态数学模型表现为 $y=a_0+a_1x+a_2x^2+\cdots+a_nx^n$ ($a_2,\cdots,a_n$ 中至少有一个不为零)。

4. 基本特性

传感器的静态特性是指对静态的输入信号，传感器的输出量与输入量之间的关系。因为输入量和输出量都和时间无关，它们之间的关系，即传感器的静态特性可用一个不含时间变量的代数方程，或以输入量作横坐标，把与其对应的输出量作纵坐标而画出的特性曲线来描述。表征传感器静态特性的主要参数有线性度、灵敏度、分辨力和迟滞等，传感器的参数指标决定了传感器的性能以及选用传感器的原则。

(1) 传感器的灵敏度

传感器的灵敏度示意图如图 3.6 所示。灵敏度是指传感器在稳态工作情况下输出量变化对输入量变化的比值。

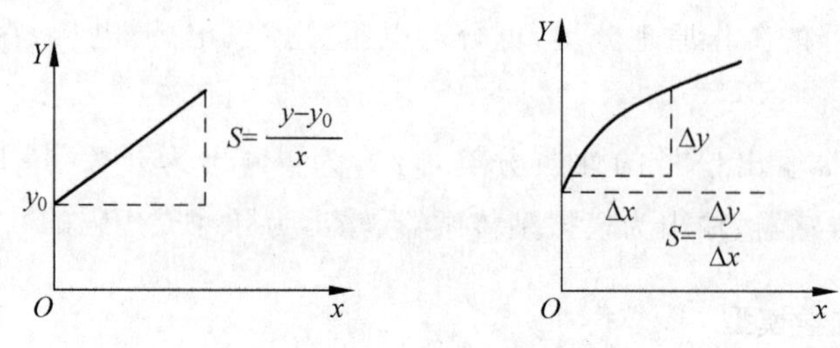

图 3.6 传感器的灵敏度示意图

$$K=\frac{\Delta y}{\Delta x} \tag{3.2}$$

式中，K——灵敏度；

Δx——输入变化量；

Δy——输出变化量。

如果传感器的输出和输入之间呈线性关系，则灵敏度 K 是一个常数，即特性曲线的斜率。如果传感器的输出和输入之间呈非线性关系，则灵敏度 K 不是一个常数，灵敏度的量纲是输出量、输入量的量纲之比。例如，某位移传感器，在位移变化 1mm 时，输出电压变化为 200mV，则其灵敏度应表示为 200mV/mm。当传感器的输出量、输入量的量纲相同时，灵敏度可理解为放大倍数。

提高灵敏度，可得到较高的测量精度。但灵敏度越高，测量范围越窄，稳定性也往往越差。

例 3.1　某一型号温度传感器，量程为 0～300℃，输出信号为直流电压 1～5V。当温度 $T=150$℃时，输出电压 $U_o'=3.004$V。求：

① 写出该传感器理想的静态特性方程式；

② 该传感器在温度 $T=150$℃时，输出的绝对误差。

解：① 该传感器理想的静态特性是一个线性方程，即

$$\frac{U_o-1}{T-0}=\frac{5-1}{300-0} \tag{3.3}$$

整理上式得

$$U_o=\frac{1}{75}T+1 \tag{3.4}$$

将 $T=150$ 代入式(3.4)得到该温度点输出的真值为

$$U_o=\frac{1}{75}\times 150+1=3\text{V} \tag{3.5}$$

② 该温度点输出的绝对误差

$$\Delta U=U_o'-U_o=3.004-3=0.004\text{V} \tag{3.6}$$

例 3.2　已知某一压力传感器的量程为 0～10MPa，输出信号为直流电压 1～5V。求：

① 该压力传感器的静态特性表达式；

② 该压力传感器的灵敏度。

解：① 由于压力传感器是一线性检测装置，所以输入输出应符合下列关系：

$$\frac{V-1}{P-0}=\frac{5-1}{10-0} \tag{3.7}$$

整理上式得

$$V=0.4P+1 \tag{3.8}$$

② 对该特性方程式求导得灵敏度：

$$S=\frac{\mathrm{d}V}{\mathrm{d}P}=0.4 \tag{3.9}$$

(2) 传感器的线性度

线性度是指实际特性曲线近似于理想特性曲线的程度。通常情况下，传感器的实际静态特性输出是条曲线而非直线。在实际工作中，为使仪表具有均匀刻度的读数，常用一条拟合直线近似地代表实际的特性曲线。拟合直线的选取有多种方法，如将零输出和满量程输出点相连的理论直线作为拟合直线，线性度就是这个近似程度的一个性能指标。传感器的线性度示意图如图 3.7 所示。

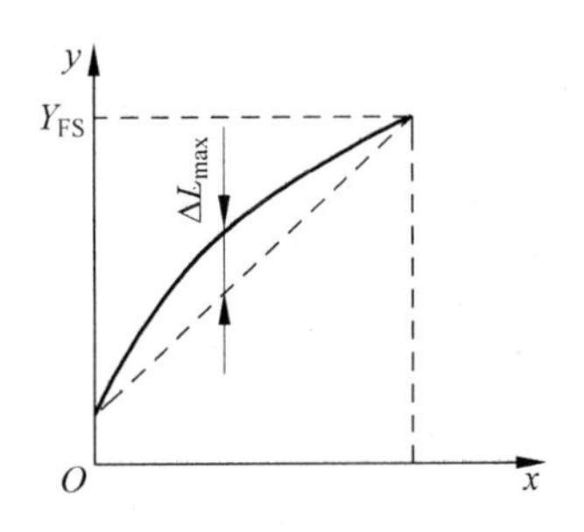

图 3.7　传感器的线性度示意图

$$r = \Delta L_{max}/Y_{FS} \times 100\% \tag{3.10}$$

式中，r——线性度；

ΔL_{max}——实际曲线和拟合直线之间的最大差值；

Y_{FS}——传感器的量程。

(3) 传感器的分辨力

分辨力是指传感器可能感受到的被测量的最小变化的能力。也就是说，如果输入量从某一非零值缓慢地变化，当输入变化值未超过某一数值时，传感器的输出不会发生变化，即传感器对此输入量的变化是分辨不出来的。只有当输入量的变化超过分辨力时，其输出才会发生变化。

通常传感器在满量程范围内各点的分辨力并不相同，因此常用满量程中能使输出量产生阶跃变化的输入量中的最大变化值作为衡量分辨力的指标。

(4) 传感器的重复性

传感器的重复性是在输入量按同一方向进行全量程多次测试时，所得特性曲线不一致的程度。传感器重复性的示意图如图 3.8 所示。

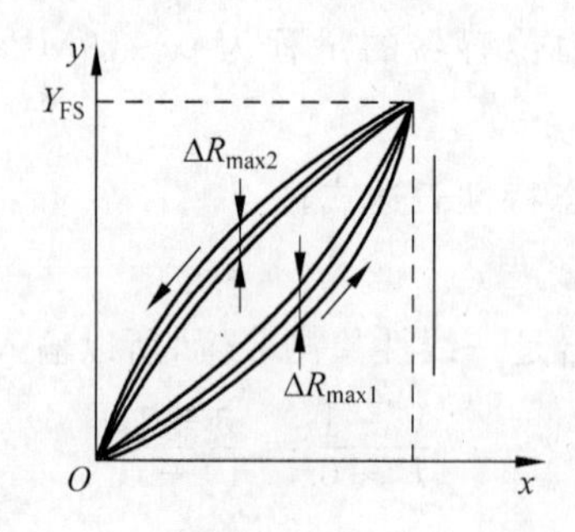

图 3.8 传感器的重复性的示意图

$$E = \Delta max/2Y_{FS} \times 100\% \tag{3.11}$$

式中，E——重复性；

Δmax——多次测量曲线之间的最大差值；

Y_{FS}——传感器的量程。

(5) 传感器的迟滞性

传感器的迟滞性是指传感器在正向行程(输入量增大)和反向行程(输入量减小)期间，特性曲线不一致的程度。传感器的迟滞性示意图如图 3.9 所示。

$$E = \Delta max/2Y_{FS} \times 100\% \tag{3.12}$$

式中，E——迟滞误差；

Δmax——正向曲线与反向曲线之间的最大差值；

Y_{FS}——传感器的量程。

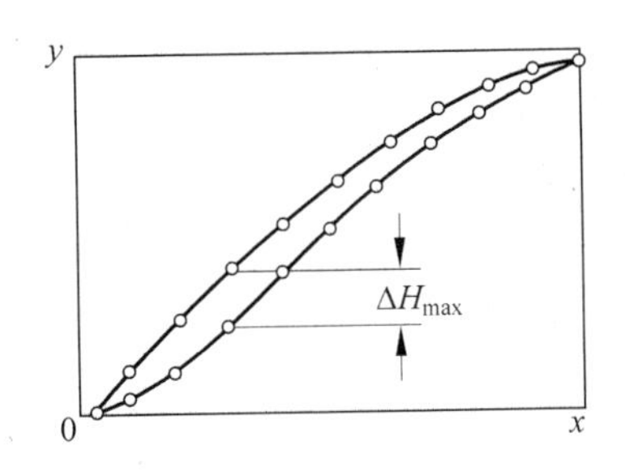

图 3.9 传感器的迟滞性示意图

(6) 传感器的漂移

传感器的漂移是指在外界的干扰下，输出量发生与输入量无关的、不需要的变化。漂移分为零点漂移和灵敏度漂移等。漂移还可分为时间漂移和温度漂移。

时间漂移是指在规定的条件下，零点或灵敏度随时间的缓慢变化。温度漂移是指环境温度变化而引起的零点或灵敏度的漂移。

（二）常用元件及参数的测量

电路元件如电阻器、电容器、电感器、晶体二极管、晶体三极管和集成电路等是组成电子电路最基本的元件，它们的质量和性能的好坏直接影响电路的性能。电路元件的测量必须保证测试条件与规定的标准工作条件相符合。

1. 电阻的测量

电阻的作用在电路中多用来进行限流、分压、分流以及阻抗匹配等，是电路中应用最多的元件之一。

(1) 电阻的参数

电阻的参数包括标称阻值、额定功率、精度、最高工作温度、最高工作电压，主要参数为标称阻值和额定功率。

标称阻值是指电阻上标注的电阻值；额定功率是指电阻在一定条件下长期连续工作所允许承受的最大功率。

① 电阻规格的直标法

直标法是将电阻的类别和主要技术参数的数值直接标注在电阻的表面上。

② 电阻规格的色环法

色环法是将电阻的类别和主要技术参数的数值用颜色标注在电阻的表面上。其中，第 1、2 色环表示电阻被乘数量值，第 3 环为倍乘的量值；它们分别用 X、Y、Z 表示，则电阻值为

$$R = (10 \times X + Y) \times 10^{Z}(\Omega) \tag{3.13}$$

色环法示意图如图 3.10 所示。

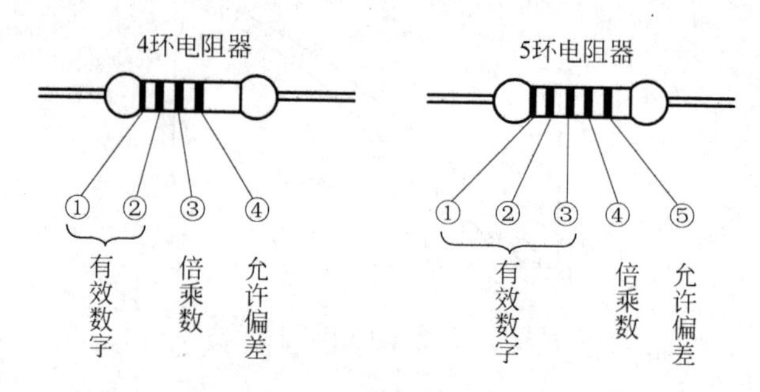

图 3.10　色环法示意图

其中各种颜色表示的数值如表 3.3 所示。

表 3.3　各种颜色表示的数值

颜　色	黑	棕	红	橙	黄	绿	蓝	紫	灰	白	金	银	无
表示数值	0	1	2	3	4	5	6	7	8	9	10^{-1}	10^{-2}	
表示误差/%	±1	±2	±3	±4							±5	±10	±20

(2) 常规测试方法

当对电阻值的测量精度要求很高时，可用直流电桥法进行测量，直流电桥测电阻示意图如图 3.11 所示。

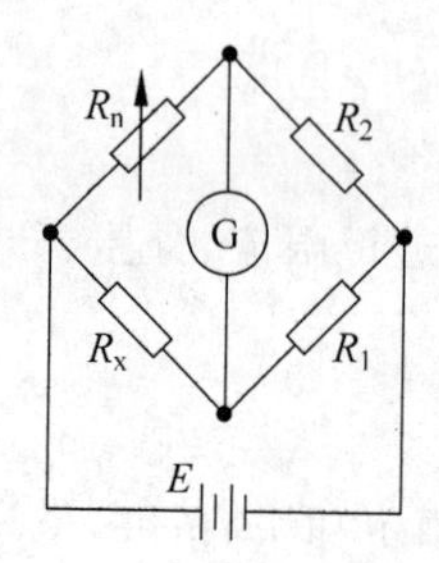

图 3.11　直流电桥测电阻示意图

其中 R_1, R_2 是固定电阻，称为比率臂，比例系数 $K=R_1/R_2$，可通过量程开关进行调节；R_n 为标准电阻，称为标准臂；R_x 为被测电阻；G 为检流计。

测量时，接上被测电阻，再接通电源，通过调节 K 和标准电阻，使电桥平衡，即检流计指示为 0，此时，读出 K 和标准电阻的值，即可求得被测电阻值：

$$R_X = \frac{R_1}{R_2} \times R_n = KR_n \tag{3.14}$$

伏安法测量原理有电流表内接和电流表外接两种测量电路。伏安法测电阻示意图如图 3.12 所示。

电流表内接法：内接时，电流表的读数 I 等于被测电阻 R_x 中流过的电流 I_x，电压

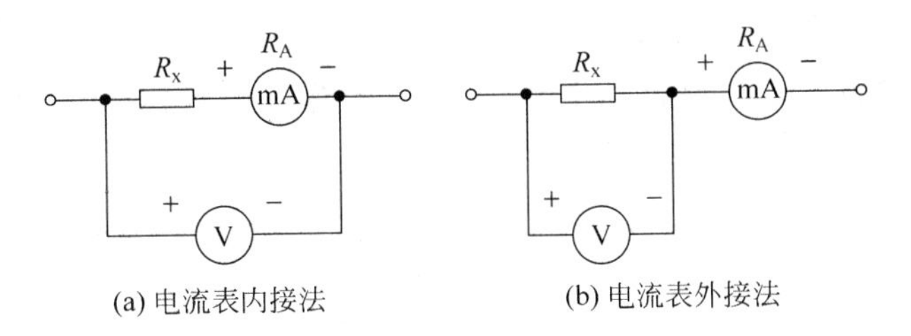

(a) 电流表内接法　　(b) 电流表外接法

图 3.12　伏安法测电阻示意图

表的读数等于被测电阻 R_x 上的电压与电流表上的电压之和。被测电阻的测值为

$$R=\frac{U}{I}=\frac{U_x+U_A}{I_a}=R_x+R_A=R_x\left(1+\frac{R_A}{R_x}\right) \tag{3.15}$$

式中，R_x——被测电阻的实际值；

R_A——电流表内阻。

动脑筋：有两块电流表，内阻分别为 10Ω 和 50Ω，采用电流表内接法测量电阻时，选择哪种阻值的表更合适？

电流表外接法：电流表外接时，电压表的读数 U 等于被测电阻 R_x 两端的电压 U_x，电流表的读数则是 $I=I_x+I_U$，此时，被测电阻的测量值为

$$R=\frac{U}{I}=\frac{U_x}{I_x+I_U}\approx R_x\left(1-\frac{R_x}{R_U}\right) \tag{3.16}$$

式中，R_x——被测电阻的实际值；

R_U——电压表内阻。

动脑筋：有两块电压表，内阻分别为 10MΩ 和 50MΩ，采用电流表外接法测量电阻时，选择哪种阻值的表更合适？

用伏安法测电阻，由于电阻接入的方法不同，测量值与实际值有差异。

一般地，当 $1k\Omega<R_x<1M\Omega$ 时，可采用电流表内接电路；当 $1k\Omega>R_x$，可采用电流表外接电路。

小提示：非线性电阻的测量

光敏、气敏、压敏、热敏电阻器等，它们的阻值随着外界光线的强弱、气体浓度的高低、压力的大小、电压的高低、温度的高低而变化。

一般可采用伏安法，即逐点改变电压的大小，然后测量相应的电流，最后作出伏安特性曲线。

2. 电容的测量

电容器的作用在电路中多用来滤波、隔直、交流耦合、交流旁路及与电感元件构成振荡电路等，是电路中应用最多的元件之一。

（1）电容的参数和标注方法

电容器的参数主要有容量、允许误差、额定工作电压、漏电电阻和漏电电流，各参数具体含义如表3.4所示。

表3.4 电容的主要参数表

序号	参数	含义
1	容量	标注在电容器上的电容量，称作标称电容量
2	允许误差	电容器的实际电容量与标称电容量的允许最大偏差范围，称为允许误差
3	额定工作电压	在规定的温度范围内，电容器能够长期可靠工作的最高电压。分为直流工作电压和交流工作电压
4	漏电电阻和漏电电流	电容器的漏电流越大，绝缘电阻越小。当漏电流较大时，电容器会发热，发热严重时，电容器会因过热而损坏

（2）常规测试方法

电容的实际等效电路如图3.13(a)所示。在工作频率较低时，等效电路可简化为如图3.13(b)所示。

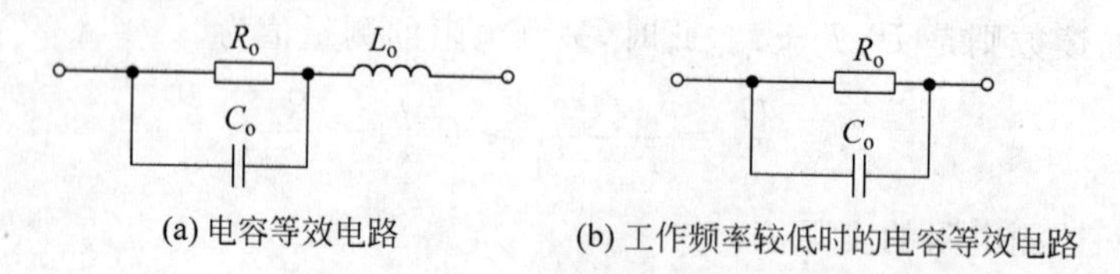

(a) 电容等效电路　　(b) 工作频率较低时的电容等效电路

图3.13 电容的等效电路

① 谐振法测量电容

交流信号源、交流电压表、标准电感和被测电容连成如图3.14所示的并联电路。

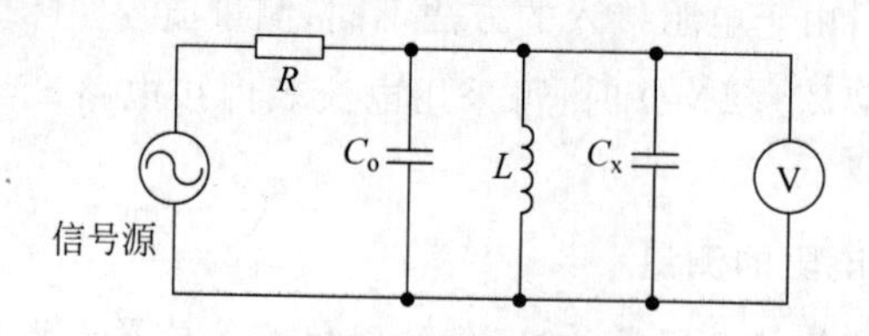

图3.14 谐振法测电容示意图

② 电容的数字化测量方法

一般采用电容——电压转换器实现电容的数字化测量，转换器如图3.15所示。

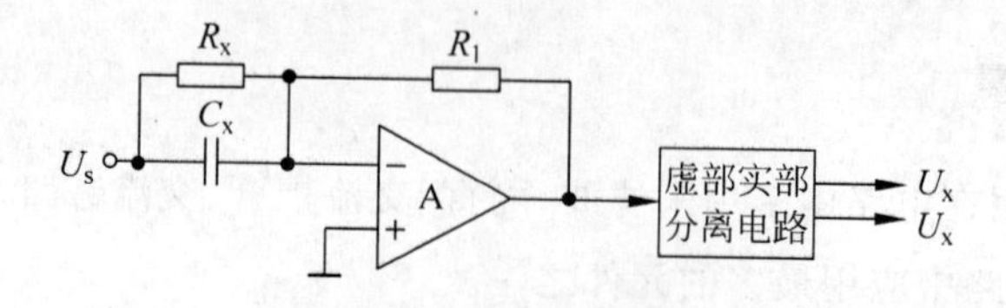

图3.15 电容电压转换电路

3. 电感的测量

电感线圈在电路中多与电容一起组成滤波电路、谐振电路等。

(1) 主要参数

① 电感量 L

线圈的电感量 L 也叫自感系数或自感,是表示线圈产生自感应能力的一个物理量。

② 品质因数 Q

线圈的品质因数 Q 也叫 Q 值,是表示线圈品质质量的一个物理量。它是指线圈在某一频率的交流电压下工作时,所呈现的感抗与其等效损耗电阻之比。即

$$Q=\frac{\omega L}{R}=\frac{2\pi fL}{R} \tag{3.17}$$

(2) 测量原理和常规测试方法

等效电路如图 3.16(a)所示。当 C 较小,工作频率较低时,分布电容可忽略不计。等效电路简化为如图 3.16(b)所示。

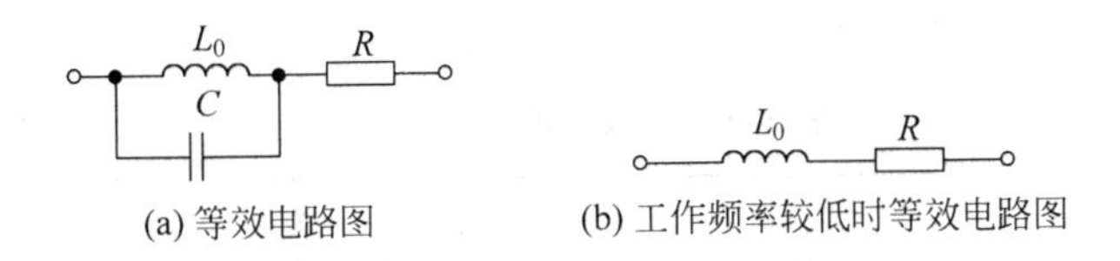

图 3.16　电感的等效电路

① 谐振法测量电感

将交流信号源、交流电压表、标准电容和被测电感连成如图 3.17 所示的并联电路。

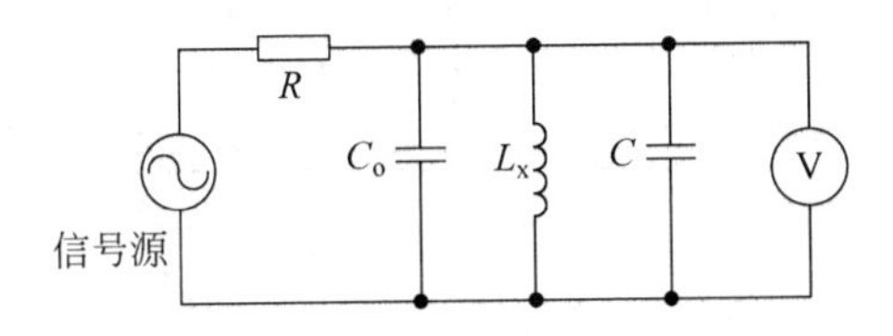

图 3.17　谐振法测电感示意图

② 电感的数字化测量方法

一般采用电感-电压转换器实现电感的数字化测量,该转换器如图 3.18 所示。

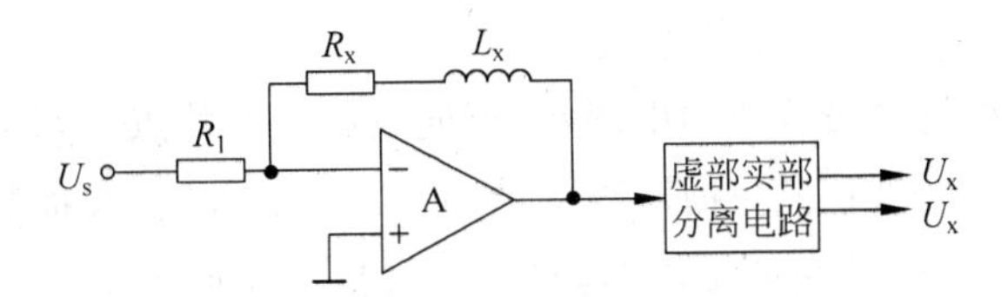

图 3.18　电感-电压转换电路

4. 半导体二极管参数的测量

二极管的作用：二极管是整流、检波、限幅、钳位等电路中的主要器件。

(1) 半导体二极管的特性和主要参数

二极管最主要的特性是单向导电特性，即二极管正向偏置时导通，反向偏置时截止。二极管的外形如图 3.19 所示。

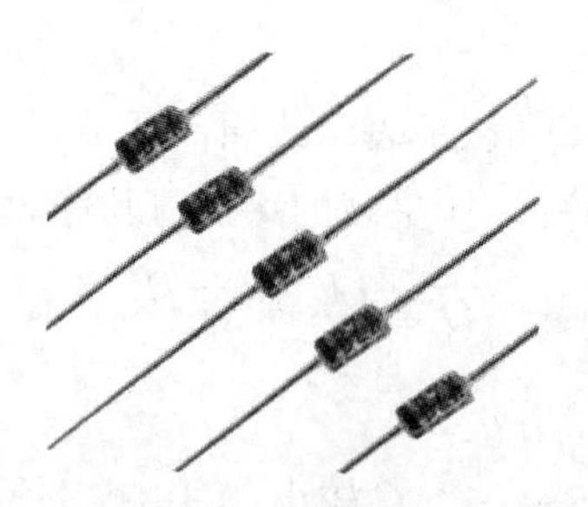

图 3.19　二极管的外形图

二极管的主要参数如表 3.5 所示。

表 3.5　二极管的主要参数表

参　数	含　义
最大整流电流	指管子长期工作时，允许通过的最大正向平均电流
反向电流	指在一定温度条件下，二极管承受了反向工作电压、又没有反向击穿时，其反向电流值
反向最大工作电压	指管子运行时允许承受的最大反向电压
直流电阻	指二极管两端所加的直流电压与流过它的直流电流之比。良好的二极管的正向电阻约为几十 Ω 到几 kΩ；反向电阻大于几十 kΩ 到几百 kΩ
交流电阻	二极管特性曲线工作点 Q 附近电压的变化量与相应电流变化量之比

(2) 常规测试方法

PN 结的单向导电性是进行二极管测量的根本依据。

① 模拟式万用表测量二极管

正、反向电阻的测量：通常小功率锗二极管正向电阻值为 300～500Ω，硅管为 1kΩ 或更大。锗管反向电阻为几十 kΩ，硅管反向电阻在 500kΩ 以上(大功率二极管的数值要小得多)。正反向电阻的差值越大越好。

极性的判别：根据二极管正向电阻小、反向电阻大的特点可判别二极管的极性。

管型的判别：硅二极管的正向压降一般为 0.6～0.7V，锗二极管的正向压降一般为 0.1～0.3V，通过测量二极管的正向导通电压，就可以判别被测二极管的管型。

② 数字式万用表测量二极管

实际测量的是二极管的直流压降。测量电路如图 3.20 所示。

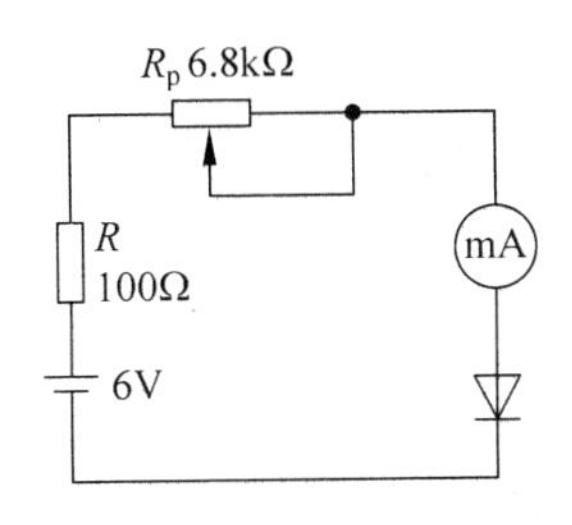

图 3.20　发光二极管测量电路图

5. 半导体三极管参数的测量

半导体三极管是内部含有 2 个 PN 结、外部具有 3 个电极的半导体器件。三极管的外形如图 3.21 所示。

图 3.21　三极管的外形图

(1) 三极管的主要参数

① 直流电流放大系数

定义为集电极直流电流与基极直流之比。

② 交流电流放大系数

三极管在有信号输入时,定义为集电极电流的变化量与基极电流的变化量之比。

(2) 常规测试方法

① 模拟万用表测量三极管可判断 b、c、e,并估测电流放大倍数。

② 基极的判定：利用 PN 结的单向导电性进行判别。

③ 发射极和集电极的判别：判别发射极和集电极的依据是发射区的杂质浓度比集电区的杂质浓度高,因而三极管正常运用时的 β 值比倒置运用时要大得多。

五、实操训练

(一) 电路元件参数的测量

1. 电阻的测量

(1) 将万用表表笔插入对应小孔,黑色表笔插入黑色写有 COM 的小孔,红色表笔插入红色对应写有欧姆符号的小孔，将旋钮调至欧姆挡，如图 3.22 所示。

图 3.22　测电阻时表笔接线及旋钮档位示意图

(2) 用表笔接触待测电阻两端的导线，左手拇指和食指捏住电阻体，右手以拿筷子的方式拿住两根表笔，笔头搭在电阻两端的导线上，此时屏幕上显示电阻值，待测量结果稳定后，读数即为要测量电阻的阻值，如图 3.23 所示。

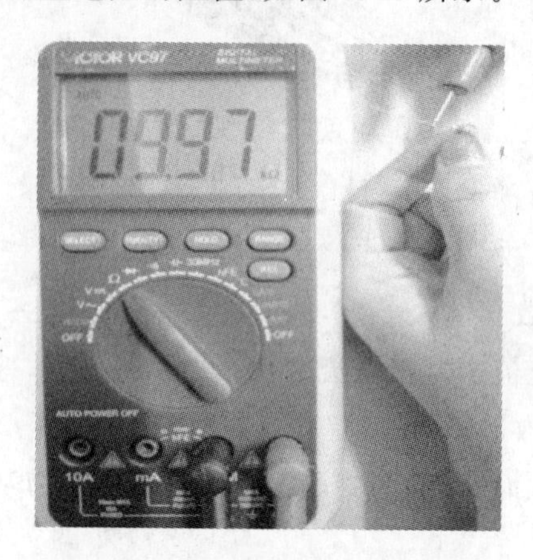

图 3.23　表笔与电阻接触示意图

2. 电解电容的测量

(1) 将表笔插入对应小孔，黑色表笔插入黑色写有 COM 的小孔，红色表笔插入红色对应写有电容符号的小孔，将旋钮调至电容挡，如图 3.24 所示。

(2) 将红表笔头接触电容长端引脚，黑表笔头接触短端引脚，示数稳定后记录数据，如图 3.25 所示。

3. 按键的测量

(1) 将表笔插入对应小孔，黑色表笔插入黑色写有 COM 的小孔，红色表笔插入红色对应写有蜂鸣符号的小孔，将旋钮调至蜂鸣档，如图 3.26 所示。

图 3.24　测电容时表笔接线及旋钮档位示意图

图 3.25　表笔与电容接触示意图

图 3.26　测按键时表笔接线及旋钮档位示意图

(2) 将红黑表笔碰触到按键的任意两个引脚,如图 3.27 所示。

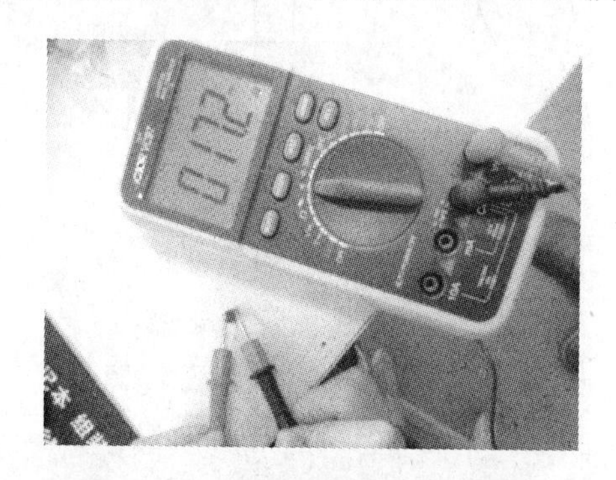

图 3.27　表笔与按键接触示意图

万用表发出响声说明两个引脚内部导通,反之说明内部不导通。

4. 发光二极管的测量

(1) 准备 LED 灯、直流稳压电源、红黑导线。

(2) 将 LED 正极(长的一端)与红色导线连接,红色导线另一端连接到电源+3V 端;LED 负极(短的一端)与黑色导线连接,黑色导线另一端连接到电源负极端,如图 3.28 所示。

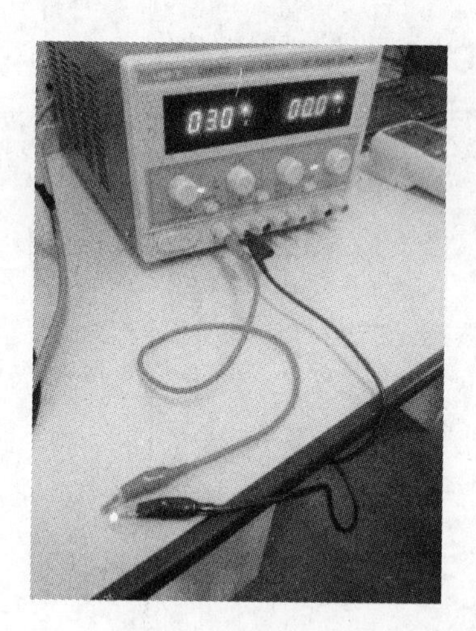

图 3.28　发光二极管接线示意图

(3) 用数字万用表检测 LED 两端的电压,将红表笔与黑表笔分别插入正极孔(电压)与负极孔(COM 孔)。

(4) 将旋钮旋至电压档,用红黑表笔碰触的正负两极。如果电压在 1.4−3V 之间且发光亮度正常,说明发光正常。如果电压是 0V 或 3V,且不发光,则说明二极管已坏,如图 3.29 所示。

图 3.29　发光二极管测试示意图

（二）电路元件的识别

1. 电阻的识别

（1）电阻的定义

电阻是最常用最基本的电子元件之一，利用电阻对电能的吸收作用，可使电路中各个元件按需要分配电能，稳定和调节电路的电流和电压。

在物理学中，用电阻来表示导体对电流阻碍作用的大小。导体的电阻越大，表示导体对电流的阻碍作用越大。不同的导体，电阻一般不同，电阻元件的电阻值大小还与温度有关。

（2）电阻的分类

按阻值特性可分为固定电阻、可调电阻、特种电阻(敏感电阻)；

按制造材料可分为碳膜电阻、金属膜电阻、线绕电阻、无感电阻、薄膜电阻等；

按安装方式可分为插件电阻、贴片电阻；

按功能可分为负载电阻、采样电阻、分流电阻、保护电阻等。

（3）电阻的主要参数

标称阻值：标称在电阻器上的电阻值称为标称值。单位为 Ω，kΩ，MΩ，标称值是根据国家制定的标准系列标注的，不是生产者任意标定的，不是所有阻值的电阻器都存在。

允许误差：电阻器的实际阻值对于标称值的最大允许偏差范围称为允许误差。误差代码为 F、G、J、K 等。常见的误差范围有 0.01％、0.05％、0.1％、0.5％、0.25％、1％、2％、5％等。

额定功率：指在规定的环境温度下，假设周围空气不流通，在长期连续工作而不损坏或基本不改变电阻器性能的情况下，电阻器上允许的消耗功率。常见的有

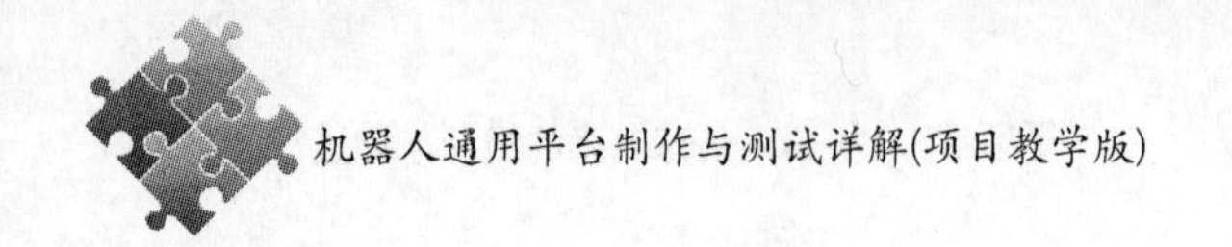

1/16W、1/8W、1/4W、1/2W、1W、2W、5W、10W。

(4) 数码法

用三位数字表示元件的标称值。从左至右，前两位表示有效数位，第三位表示10^n($n=0\sim8$)。

例如：471＝470Ω　　105＝1MΩ　　2R2＝2.2Ω

塑料电阻器的103表示10×10^3＝10kΩ。片状电阻多用数码法标示，如512表示5.1kΩ。

2. 电容的识别

(1) 电容的定义

电容(或称电容量)是表征电容器容纳电荷本领的物理量。我们把电容器两极板间的电势差增加1V所需的电量，叫做电容器的电容。

电容是具有存储电能的元件，具有充放电特性和通交流隔直流的能力。主要用于电源滤波、信号滤波、信号耦合、谐振、隔直流等电路中。

(2) 电容的分类

按照功能可分为涤纶电容、云母电容、高频瓷介电容、独石电容、电解电容等；按照安装方式可分为插件电容、贴片电容；按电路中电容的作用可分为耦合电容、滤波电容、退耦电容、高频消振电容、谐振电容、负载电容等。

(3) 电容的主要参数

电容的识别方法与电阻的识别方法基本相同，分直标法、色标法和数标法3种。

电容的基本单位用法拉(F)表示。其他单位还有毫法(mF)、微法(μF)、纳法(nF)、皮法(pF)。

其中，1F＝1000mF，1 mF ＝1000μF，1μF ＝1000nF，1nF＝1000pF。

(4) 表示方法

容量小的电容其容量值在电容上用字母表示或数字表示，如

10μF/16V，　4700μF/50V

字母表示法：1m＝1000μF　1P2＝1.2pF　1n＝1000pF　P33＝0.33pF　3U3＝3.3μF

三位数字的表示法也称电容量的数码表示法。三位数字的前两位数字为标称容量的有效数字，第三位数字表示有效数字后面零的个数，它们的单位都是pF；102表示标称容量为1000pF；221表示标称容量为220pF；224表示标称容量为22×10^4pF。

在这种表示法中有一个特殊情况，就是当第三位数字用9表示时，是用有效数字乘以10^{-1}来表示容量大小。

如：229 表示标称容量为 22×10^{-1}pF=2.2pF。

3. 电感的识别

(1) 电感的定义

电感器(电感线圈)和变压器均是用绝缘导线(例如漆包线、纱包线等)绕制而成的电磁感应元件。

电感的结构：电感器一般由骨架、绕组、屏蔽罩、封装材料、磁心或铁心等组成。

(2) 电感的分类

按工作频率分类可分为高频电感器、中频电感器和低频电感器；按用途分类可分为振荡电感器、校正电感器、显像管偏转电感器、阻流电感器、滤波电感器、隔离电感器、被偿电感器等；按结构分类可分为线绕式电感器和非线绕式电感器，还可分为固定式电感器和可调式电感器。

(3) 电感的主要参数

电感器的主要参数有电感量、允许偏差、品质因数、分部电容及额定电流等。

允许偏差是指电感器上标称的电感量与实际电感的允许误差值。一般用于振荡或滤波等电路中的电感器要求精度较高，允许偏差为±0.2%～±0.5%；而用于耦合、高频阻流等线圈的精度要求不高；允许偏差为±10%～15%。

品质因数也称 Q 值或优值，是衡量电感器质量的主要参数。它是指电感器在某一频率的交流电压下工作时，所呈现的感抗与其等效损耗电阻之比。电感器的 Q 值越高，其损耗越小，效率越高。电感器品质因数的高低与线圈导线的直流电阻、线圈骨架的介质损耗及铁心、屏蔽罩等引起的损耗等有关。

分布电容是指线圈的匝与匝之间、线圈与磁心之间存在的电容。电感器的分布电容越小，其稳定性越好。

额定电流是指电感器正常工作时反允许通过的最大电流值。若工作电流超过额定电流，则电感器就会因发热而使性能参数发生改变，甚至还会因过流而烧毁。

(4) 电感的表示法

电感量也称自感系数，是表示电感器产生自感应能力的一个物理量。

电感器电感量的大小，主要取决于线圈的圈数(匝数)、绕制方式、有无磁心及磁心的材料等。通常，线圈圈数越多、绕制的线圈越密集，电感量就越大；有磁心的线圈比无磁心的线圈电感量大；磁心导磁率越大的线圈，电感量也越大。

电感量的基本单位是亨利(简称亨)，用字母 H 表示。常用的单位还有毫亨(mH)和微亨(μH)，它们之间的关系是：1H=1000mH，1mH=1000μH。

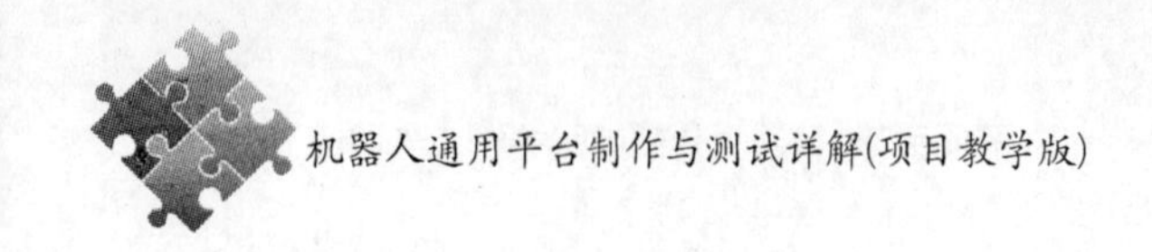

4. 二极管的识别

(1) 二极管的定义

二极管又称晶体二极管,简称二极管。它是只往一个方向传送电流的电子零件。二极管分为检波二极管、整流二极管、稳压二极管、发光二极管等。

(2) 二极管的分类

根据用途分类可分为检波二极管、整流二极管、变容二极管、稳压二极管、发光二极管等;根据特性分类可分为一般用点接触型二极管、高反向耐压点接触型二极管、高反向电阻点接触型二极管;根据构造分类可分为点接触型二极管、平面型二极管等。

(3) 二极管的主要参数

最大电流:是指二极管长期连续工作时允许通过的最大正向电流值,其值与 PN 结面积及外部散热条件等有关。

最高反向工作电压:加在二极管两端的反向电压高到一定值时,会将管子击穿,失去单向导电能力,该值即是最高反向工作电压。

反向电流:反向电流是指二极管在规定的温度和最高反向电压作用下,流过二极管的反向电流。反向电流越小,管子的单方向导电性能越好。

5. 三极管的识别

(1) 三极管的定义

三极管全称为半导体三极管,也称双极型晶体管、晶体三极管,是一种电流控制电流的半导体器件。其作用是把微弱信号放大成辐值较大的电信号,也用作无触点开关。

(2) 三极管的分类

按材质分可分为硅管、锗管;按结构分可分为 NPN、PNP;按功能分可分为开关管、功率管、达林顿管、光敏管等;按功率分可分为小功率管、中功率管、大功率管;按工作频率分可分为低频管、高频管、超频管;按结构工艺分可分为合金管、平面管;按安装方式可分为插件三极管、贴片三极管。

(3) 三极管的特性

晶体三极管具有电流放大作用,其实质是三极管能以基极电流微小的变化量来控制集电极电流较大的变化量,这是三极管最基本和最重要的特性。我们将 $\Delta I_c/\Delta I_b$ 的比值称为晶体三极管的电流放大倍数,用符号 β 表示。电流放大倍数对于某只三极管来说是一个定值,但随着三极管工作时基极电流的变化,也会有一定的改变。

(4) 三极管的工作状态

截止状态:当加在三极管发射结的电压小于 PN 结的导通电压时,基极电流为零，集电极电流和发射极电流都为零，这时三极管失去了电流放大作用，集电极和发射极之间相当于开关的断开状态。

放大状态：当加在三极管发射结的电压大于PN结的导通电压，并处于某一恰当的值时，三极管的发射结正向偏置，集电结反向偏置，这时基极电流对集电极电流起控制作用，使三极管具有电流放大作用，其电流放大倍数 $\beta=\Delta I_c/\Delta I_b$，这时三极管处于放大状态。

饱和导通状态：当加在三极管发射结的电压大于PN结的导通电压，并且基极电流增大到一定程度时，集电极电流不再随着基极电流的增大而增大，而是处于某一定值附近不怎么变化，这时三极管失去电流放大作用，集电极与发射极之间的电压很小，集电极和发射极之间相当于开关的导通状态。

六、项目总结

本项目为机器人主体结构的组装与调试，按照项目实施、知识拓展、实操训练、项目总结的顺序展开讲解。

通过本项目的学习，学生应该掌握如下实践技能和重点知识：

(1) 能利用光电传感器制作一个光电检测电路。

(2) 会进行常用元器件的测量。

(3) 掌握传感器的工作原理和基本特性。

以项目小组为单位，进行项目总结汇报，制作PPT，每组派一人进行讲解。

七、阅读材料

(一) 传感器的发展及应用现状

1. 传感器的发展历史

传感器是一种能将物理量、化学量、生物量等转换成电信号的器件。输出信号有不同形式，如电压、电流，是自动检测系统和自动控制系统中不可缺少的元件。

如果把计算机比作大脑，那么传感器则相当于五官，传感器能正确感受被测量并转换成相应输出量，对系统的质量起决定性作用。自动化程度越高，系统对传感器的要求越高。在今天的信息时代里，信息产业包括信息采集、传输、处理三部分，即传感技术、通信技术、计算机技术。现代的计算机技术和通信技术由于超大规模集成电路的飞速发展，已经非常发达，这不仅对传感器的精度、可靠性、响应速度、获取的信息量提出越来越高的要求，还要求其成本低廉且使用方便。显然传统传感器因功能、特性、体积、成本等已难以满足而逐渐被淘汰。世界许多发达国家都在加快对传感器新技术的研究与开发,并且已取得极大的突破。

2. 传感器的发展方向

如今传感器新技术的发展,主要有以下几个方面。

(1) 发现并利用新现象

利用物理现象、化学反应、生物效应作为传感器原理,所以研究发现新现象与新效应是传感器技术发展的重要工作,是研究开发新型传感器的基础。

日本夏普公司利用超导技术研制成功高温超导磁性传感器,是传感器技术的重大突破,其灵敏度高,仅次于超导量子干涉器件。它的制造工艺远比超导量子干涉器件简单,可用于磁成像技术,有广泛推广价值。

抗体和抗原在电极表面上相遇复合时会引起电极电位的变化,利用这一现象可制出免疫传感器。用这种抗体制成的免疫传感器可对某生物体内是否有这种抗原进行检查。如用肝炎病毒抗体可检查某人是否患有肝炎,诊断既快速又准确。美国加州大学已研制出这类传感器。

(2) 利用新材料

传感器材料是传感器技术的重要基础,由于材料科学进步,人们可制造出各种新型传感器。例如用高分子聚合物薄膜制成温度传感器;光导纤维能制成压力、流量、温度、位移等多种传感器;用陶瓷制成压力传感器。

高分子聚合物能随周围环境的相对湿度大小成比例地吸附和释放水分子。高分子电介常数小,水分子能提高聚合物的介电常数。将高分子电介质做成电容器,测定电容容量的变化,即可得出相对湿度。利用这个原理制成等离子聚合法聚苯乙烯薄膜温度传感器,其有以下特点:测湿范围宽;温度范围宽,可达-40℃~+1500℃;响应速度快;尺寸小,可用于小空间测湿。

陶瓷电容式压力传感器是一种无中介液的干式压力传感器。采用先进的陶瓷技术、厚膜电子技术,其技术性能稳定,年漂移量小于0.1%FS,温漂小于±0.15%/10K,抗过载强,可达量程的数百倍。德国E+H公司和美国Kavlio公司的产品处于领先地位。光导纤维的应用是传感材料的重大突破,其最早用于光通信技术。在光通信利用中发现,当温度、压力、电场、磁场等环境条件变化时,会引起光纤传输的光波强度、相位、频率、偏振态等变化,测量光波量的变化,就可知道导致这些光波量变化的温度、压力、电场、磁场等物理量的大小,利用这些原理可研制出光导纤维传感器。光纤传感器与传统传感器相比有许多特点:灵敏度高、结构简单、体积小、耐腐蚀、电绝缘性好、光路可弯曲、便于实现遥测等。光纤传感器方面日本处于先进水平,如IdecIzumi公司和Sunx公司。光纤传感器与集成光路技术相结合,加速了光纤传感器技术的发展。

（3）微机械加工技术

半导体技术中的加工方法有氧化、光刻、扩散、沉积、平面电子工艺，这些都已引入传感器制造。因而产生了各种新型传感器，如利用半导体技术制造出硅微传感器，利用薄膜工艺制造出快速响应的气敏、湿敏传感器，利用溅射薄膜工艺制压力传感器等。

日本横河公司利用各向导性腐蚀技术进行高精度三维加工，制成全硅谐振式压力传感器。核心部分由感压硅膜片和硅膜片上面制作的两个谐振梁组成，两个谐振梁的频差对应不同的压力，用频率差的方法测压力，可消除环境温度等因素带来的误差。当环境温度变化时，两个谐振梁频率和幅度变化相同，将两个频率作差后，其相同变化量就能够相互抵消。其测量最高精度可达0.01%FS。

美国SMI公司开发了一系列低价位、线性度在0.1%～0.65%范围内的硅微压力传感器，其以硅为材料制成，具有独特的三维结构，轻细微机械加工，和多次蚀刻制成惠斯登电桥于硅膜片上，当硅片上方受力时，其产生变形，电阻产生压阻效应而失去电桥平衡，输出与压力成比例的电信号。这样的硅微传感器是当今传感器发展的前沿技术，其基本特点是敏感元件体积为微米量级，是传统传感器的几十、几百分之一。在工业控制、航空航天、生物医学等方面有重要的应用，如在飞机上利用可减轻飞机重量，减少能源。另一特点是能测量敏感微小被测量，可制成血压压力传感器。

中国航空总公司北京测控技术研究所研制的CYJ系列溅谢膜压力传感器是采用离子溅射工艺加工成的金属应变计，它克服了非金属式应变计易受温度影响的缺点，具有高稳定性，适用于各种场合，被测介质范围广，还克服了传统粘贴式带来的精度低、迟滞大、蠕变等缺点，具有精度高、可靠性高、体积小的特点，广泛用于航空、石油、化工、医疗等领域。

（4）集成传感器

集成传感器的优势是传统传感器无法达到的，它不仅仅是一个简单的传感器，还将辅助电路中的元件与传感元件同时集成在一块芯片上，使之具有校准、补偿、自诊断和网络通信的功能，可降低成本、增加产量。

（5）智能化传感器

智能化传感器是一种带微处理器的传感器，是微型计算机和传感器相结合的成果，它兼有检测、判断和信息处理功能，与传统传感器相比有很多优点。

① 具有判断和信息处理功能，能对测量值进行修正、误差补偿，因而提高测量精度；可实现多传感器多参数测量。

② 有自诊断和自校准功能，提高可靠性；测量数据可存取，使用方便。

③ 有数据通信接口，能与微型计算机直接通信。

可以把传感器、信号调节电路、单片机集成在一片芯片上形成超大规模集成化的高级智能传感器。美国Honywell公司的ST-3000型智能传感器，芯片尺寸才有

$3\times4\times2mm^3$,采用半导体工艺,在同一芯片上制成CPU、EPROM、静压、压差、温度等敏感元件。

3. 传感器的应用

传感器是利用各种物理、化学、生物现象将非电量转换为电量的器件,传感器可以检测自然界所有的非电量,它在社会生活中发挥着不可替代的作用。传感器技术是自动控制技术的核心技术。

当今社会的发展,就是信息技术的发展。早在20世纪80年代,美国首先认识到世界已进入传感器时代,日本也将传感器技术列为十大技术之首,我国将传感器技术列为国家"八五"重点科技攻关项目,建成了"传感器技术国家重点实验室"、"国家传感器工程中心"等研究开发基地。传感器产业已被国内外公认为是具有发展前途的高技术产业,以其技术含量高、经济效益好、渗透力强、市场前景广等特点为世人所瞩目。

随着现代科技技术的高速发展,人们生活水平的迅速提高,传感器技术越来越受到重视,它的应用已渗透到国民经济的各个领域。

(1) 在工业生产中的应用

在工业生产过程中,必须对温度、压力、流量、液位等参数进行检测,实现对工作状态的监控,诊断生产设备的各种情况,使生产系统处于最佳状态,从而保证产品质量,提高效益。传感器与微机、通信技术的结合,使工业监测实现了自动化。如果没有传感器,现代工业生产自动化程度会大大降低。

举例来说,自动化生产线要保证食用油能准确地注入油桶,并能控制一定的重量,装完后能拧好顶盖,然后在合适的位置贴好商标,整个过程都需要通过仪器检测出油桶的位置,注油量、油桶盖的安装位置以及商标粘贴位置,以达到自动化控制的目的。现代化的生产过程大都采用自动计数系统,轻而易举地解决了生产中工件数目繁多、难以计数的问题,光电计数机运用光电传感器,可实现自动计数、缺料报警及剔除不良计数工件的功能。工业用光电计数机实物图如图3.30所示。

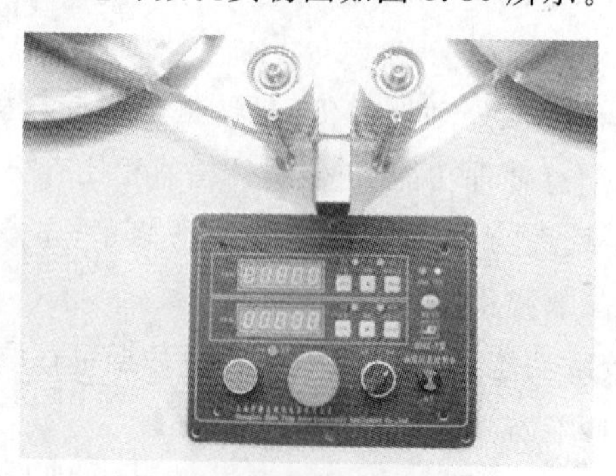

图3.30 工业用光电计数机实物图

(2) 在汽车电控系统中的应用

随着人们生活水平的提高，汽车已走进千家万户。传感器在汽车中相当于感官和触角，只有它才能采集汽车工作状态的信息，提高自动化程度。汽车传感器主要分布在发动机控制系统、地盘控制系统和车身控制系统中。汽车配备的传感器数量在不断增加。

举例来说，仅发动机的燃料喷射系统就需要配备15个传感器，再加上车辆控制系统、车身控制系统以及信息通信系统，一台汽车上的传感器数量甚至会超过150个，就是将汽车称为诸多传感器的集合体也不为过。混合动力车及电动汽车因电动部件增加，传感器的定位就更高。汽车传感器应用示意图如图3.31所示。

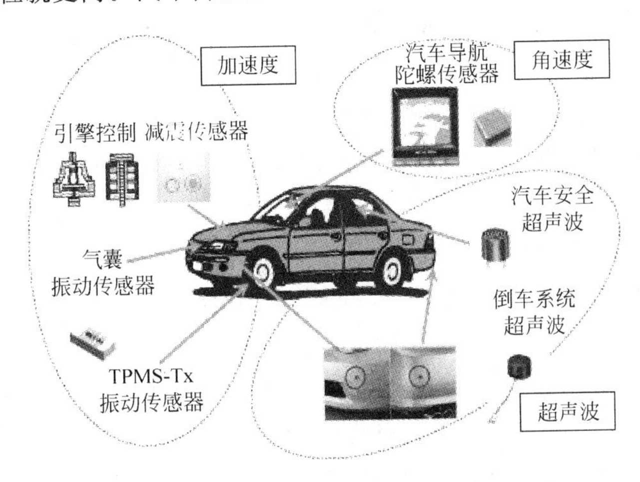

图3.31　汽车传感器应用示意图

(3) 在现代医学领域中的应用

医学传感器作为拾取生命体征信息的“五官”，其作用日益显著，并得到广泛应用。在图像处理、临床化学检验、生命体征参数监护、疾病的诊断与治疗方面，使用十分普遍。医学传感器分为物理传感器、化学传感器、生物传感器。被测量生理参数均为低频或超低频信息，频率分布范围在直流0～300Hz。生理参数的信号微弱，测量范围分布在μV～mV数量级。传感器在现代医学中已无处不在。

举例来说，医用传感器在医学上的用途主要是检测、监护、控制。检测即测量正常或异常生理参数，如先天性病人手术前须用血压传感器测量心内压力，估计缺陷程度。监护即连续测定某些生理参数是否处于正常范围，以便及时预报，如在ICU病房，对危重病人的体温、脉搏、血压、呼吸、心电等进行连续监护的监护仪。控制即利用检测到的生理参数控制人体的生理过程。例如，用同步呼吸器抢救病人时，要检测病人的呼吸信号，以此来控制呼吸器的动作与人体呼吸同步。家庭医用监护仪示意图如图3.32所示。

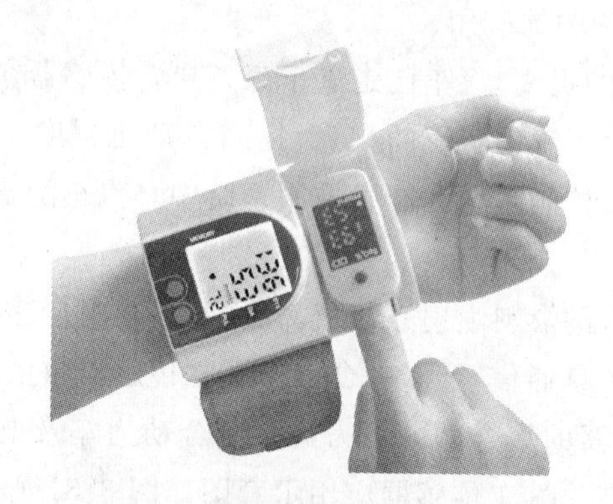

图 3.32　家庭医用监护仪示意图

(4) 在环境监测方面的应用

我们的工作、生活、娱乐等场所都需要一个安全的环境。家庭中对煤气泄漏的及时发现、公共场所对火灾初期情况的及时掌握，对人员疏散、最大限度减少生命及财产损失至关重要。

近年来，环境污染问题日益严重，人们迫切希望拥有一种能对污染物进行连续、快速、在线监测的仪器，传感器满足了人们的要求。目前，已有相当一部分传感器应用于环境监测。

举例来说，二氧化硫是酸雨形成的主要原因，传统的方法很多，现在将亚细胞类脂类固定在醋酸纤维膜上，和氧电极制成安培型生物传感器，可对酸雨、酸雾溶液进行检测，大大简化了检测方法。环境监测站示意图如图 3.33 所示。

图 3.33　环境监测站示意图

(5) 在军事中的应用

传感器在军事上的应用极为广泛，可以说无时不用、无处不用，大到飞机、舰船、坦克、火炮等装备系统，小到单兵作战武器，从参战的武器系统到后勤保障，遍及整个作战系统及作战的全过程。传感器在军用电子系统中的运用促进了武器、作战指挥、控制、监视和通信方面的智能化。传感器在远方战场监视系统、防控系统、雷达系统、导弹系统等方面，都有广泛的应用，是提高军事战斗力的重要因素。

举例来说，美国航天飞机上的传感器有100多种4000多个；用于陆军单兵作战的多功能电子设备，包括各类微型电子机械系统传感器，如夜视仪、红外瞄准器等；有多种微型传感器的机器人坦克、自主式地面车辆已投入使用。红外夜视仪效果图如图3.34所示。

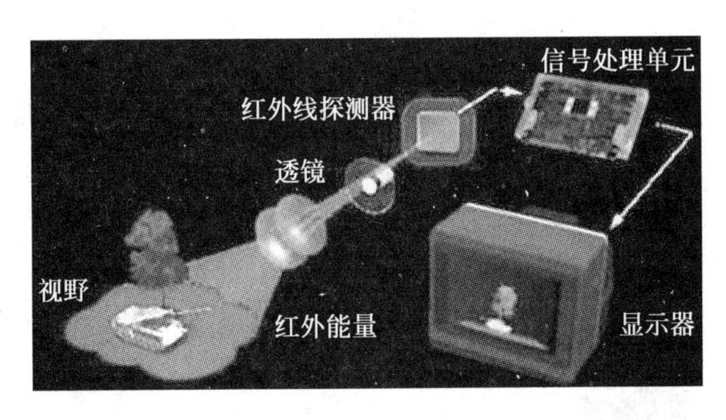

图3.34　红外夜视仪效果图

(6) 在家用电器中的应用

随着电子技术的兴起，家用电器正向自动化、智能化的方向发展。自动化和智能化的重心就是研制计算机和各种类型的传感器组成的控制系统。

举例来说，一台空调器采用微型计算机控制配合传感器技术，可以实现压缩机的启动、停机、风扇摇头、风门调节、换气等，从而对温度、湿度和空气浊度进行控制。测量空调压缩机转速示意图如图3.35所示。

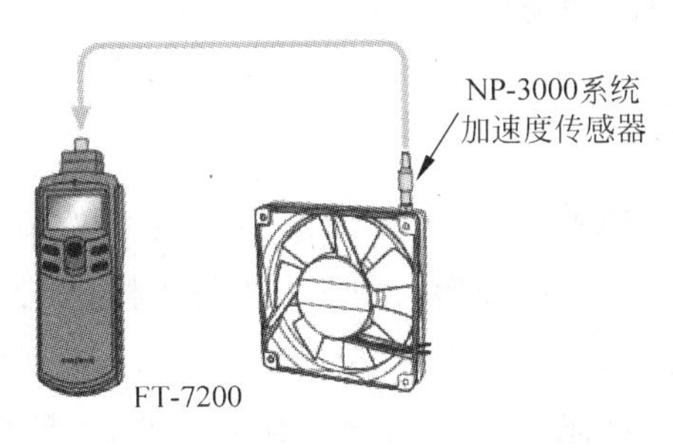

图3.35　测量空调压缩机转速示意图

(7) 在智能建筑领域中的应用

智能建筑是未来建筑的必然趋势，它涵盖自动化、信息化、生态化等多方面的内容，具有微型集成化、高精度、数字化特征的智能传感器将在智能建筑中占据重要位置。

举例来说，闭路监控系统、防盗报警系统、楼宇对讲系统、停车场管理系统、小区一卡通系统、红外周界报警系统、电子围栏、巡更系统、考勤门禁系统、电子考场系统、智能门锁等。防盗报警系统示意图如图 3.36 所示。

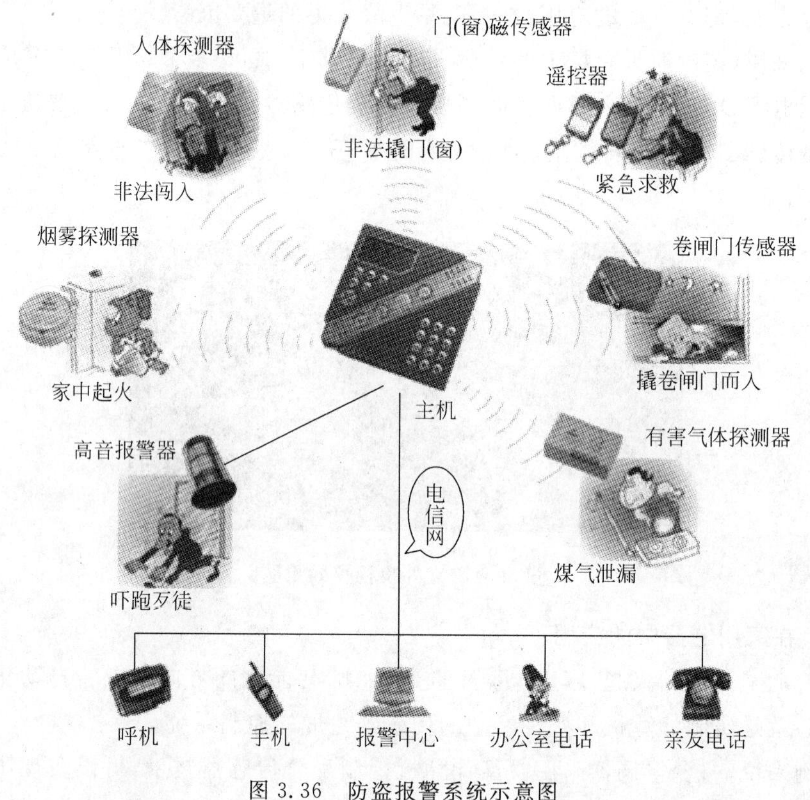

图 3.36　防盗报警系统示意图

（二）红外传感器的原理与应用

1. 红外光电传感器的原理

红外光电传感器是指能够将可见光转换成某种电量的传感器。光敏二极管是最常见的光传感器。光敏二极管的外形与一般二极管一样，只是它的管壳上开有一个嵌着玻璃的窗口，以便于光线射入，为增加受光面积，PN 结的面积做得较大，光敏二极管工作在反向偏置的工作状态下，并与负载电阻相串联，当无光照时，它与普通二极管一样，反向电流很小（$<\mu A$），称为光敏二极管的暗电流；当有光照时，载流子被激发，产生电子—空穴，称为光电载流子。在外电场的作用下，光电载流子参与导电，形成比暗电流大得多的反向电流，该反向电流称为光电流。光电流的大小与光照强度成正比，于是在负载电阻上就能得到随光照强度变化而变化的电信号。

光敏三极管除了具有光敏二极管能将光信号转换成电信号的功能外，还有对电信号放大的功能。光敏三极管的外形与一般三极管相差不大，一般光敏三极管只引出两个极——发射极和集电极，基极不引出，管壳同样开窗口，以便光线射入。为增大光照，基区面积做得很大，发射区较小，入射光主要被基区吸收。工作时集电结反偏，发射结正偏。在无光照时管子流过的电流为暗电流 $I_{ceo}=(1+\beta)I_{cbo}$（很小），比一般三极管的穿透电流还小；当有光照时，激发大量的电子-空穴对，使得基极产生的电流 I_b 增大，此刻流过管子的电流称为光电流，集电极电流 $I_c=(1+\beta)I_b$，可见光电三极管要比光电二极管具有更高的灵敏度。

2. 光电传感器应用

光电传感器是一种小型电子设备，它可以检测出其接收到的光强的变化。早期用来检测物体有无的光电传感器是一种小的金属圆柱形设备，发射器带一个校准镜头，将光聚焦射向接收器，接收器出电缆将这套装置接到一个真空管放大器上。在金属圆筒内有一个小的白炽灯作为光源。这些小而坚固的白炽灯传感器就是今天光电传感器的雏形。

（1）LED（发光二极管）

发光二极管最早出现在19世纪60年代，现在我们可以经常在电气和电子设备上看到这些二极管作为指示灯来用。LED就是一种半导体元件，其电气性能与普通二极管相同，不同之处在于当给LED通电流时，它会发光。由于LED是固态的，所以它能延长传感器的使用寿命。因而使用LED的光电传感器能做得更小，且比白炽灯传感器更可靠。不同于白炽灯，LED抗震动抗冲击，并且没有灯丝。另外，LED所发出的光能只相当于同尺寸白炽灯所产生光能的一部分。（激光二极管除外，它与普通LED的原理相同，但能产生几倍的光能，并能到达更远的检测距离）。LED能发射人眼看不到的红外光，也能发射可见的绿光、黄光、红光、蓝光、蓝绿光或白光。

（2）经调制的LED传感器

1970年，人们发现LED还有一个比寿命长更好的优点，就是它能够以非常快的速度来开关，开关频率可达到kHz。将接收器的放大器调制到发射器的调制频率，那么它就只能对以此频率振动的光信号进行放大。

我们可以将光波的调制比喻成无线电波的传送和接收。将收音机调到某台，就可以忽略其他的无线电波信号。经过调制的LED发射器就类似于无线电波发射器，其接收器就相当于收音机。

人们常常有一个误解：认为由于红外光LED发出的红外光是看不到的，那么红外光的能量肯定会很强。经过调制的光电传感器的能量的大小与LED光波的波长无太大关系。一个LED发出的光能很少，经过调制才将其变得能量很高。一个未经调制的传感器只有通过使用长焦距镜头的机械屏蔽手段，使接收器只能接收到发射器发出的光，才能使其能量变得很高。相比之下，经过调制的接收器能忽略周围的光，只对自己的光或具有相同调制频率的光做出响应。

未经调制的传感器用来检测周围的光线或红外光的辐射，如刚出炉的红热瓶子，在这种应用场合，如果使用其他的传感器，可能会有误动作。

如果一个金属发射出的光比周围的光强很多的话，那么它就可以被周围光源接收器可靠检测到。周围光源接收器也可以用来检测室外光。

但是并不是说经调制的传感器就一定不受周围光的干扰，当使用在强光环境下时就会有问题。例如，未经过调制的光电传感器，当把它直接指向阳光时，它就能正常动作。我们每个人都知道，用一块有放大作用的玻璃将阳光聚集在一张纸上时，很容易就会把纸点燃。设想将玻璃替换成传感器的镜头，将纸替换成光电三极管，这样我们就很容易理解为什么将调制的接收器指向阳光时它就不能工作了，这是周围光源使其饱和了。

调制的 LED 改进了光电传感器的设计，增大了检测距离，扩展了光束的角度，人们逐渐接受了这种可靠、易于对准的光束。到 1980 年，非调制的光电传感器逐步退出了历史舞台。红外光 LED 是效率最高的光束，同时也是在光谱上与光电三极管最匹配的光束。但是有些传感器需要用来区分颜色(如色标检测)，这就需要用可见光源。

在早期，色标传感器使用白炽灯作为光源，使用光电池接收器，直到后来发明了高效的可见光 LED。现在，多数的色标传感器都是使用经调制的各种颜色的可见光 LED 发射器。经调制的传感器往往牺牲了响应速度以获取更远的检测距离，这是因为检测距离是一个非常重要的参数。未经调制的传感器可以用来检测小的物体或动作非常快的物体，这些场合要求的响应速度都非常快。但是，现在高速的调制传感器也可以提供非常快的响应速度，能满足大多数的检测应用。

(3) 超声波传感器

超声波传感器所发射和接收的声波，其振动频率都超过了人耳所能听到的范围。它是通过计算声波从发射经被测物反射回到接收器所需要的时间来判断物体位置的。对于对射式超声波传感器，如果物体挡住了从发射器到接收器的声波，则传感器就会检测到物体。与光电传感器不同，超声波传感器不受被测物透明度和反光率的影响，因此在许多使用超声波传感器的场合就不适合使用光电传感器来检测。

(4) 光纤

安装空间非常有限或使用环境非常恶劣的情况下，可以考虑使用光纤。光纤与传感器配套使用，是无源元件，另外，光纤不受任何电磁信号的干扰，并且能使传感器的电子元件与其他电的干扰相隔离。

光纤有一根塑料光芯或玻璃光芯，光芯外面包一层金属外皮。这层金属外皮的密度比光芯要低，因而折射率低。光束照在这两种材料的边界处(入射角在一定范围内)，被全部反射回来。根据光学原理，所有光束都可以由光纤来传输。

两条入射光束(入射角在接收角以内)沿光纤长度方向经多次反射后，从另一端射出。另一条入射角超出接收角范围的入射光，损失在金属外皮内。这个接收角比两倍的最大入射角略大，这是因为光纤在从空气射入密度较大的光纤材料中时会有轻微的折射。光在光纤内部的传输不受光纤是否弯曲的影响(弯曲半径要大于最小弯曲半径)。大多数光纤是可弯曲的，很容易安装在狭小的空间。

① 玻璃光纤

玻璃光纤由一束非常细(直径约 50μm)的玻璃纤维丝组成。典型的光缆由几百根单独的带金属外皮的玻璃光纤组成，光缆外部有一层护套保护。光缆的端部有各种尺寸和外形，并且浇铸了坚固的透明树脂。检测面经过光学打磨，非常平滑。这道精心的打磨工艺能显著提高光纤束之间的光耦合效率。

玻璃光纤内的光纤束可以是紧凑布置的，也可以是随意布置的。紧凑布置的玻璃光纤通常用在医疗设备或管道镜上。每一根光纤从一端到另一端都需要精心布置，这样才能在另一端得到非常清晰的图像。由于这种光纤费用非常昂贵，而多数的光纤应用场合并不需要得到一个非常清晰的图像，所以多数的玻璃光纤其光纤束是随意布置的，这种光纤就非常便宜了，当然其所得到的图像也只是一些光。

玻璃光纤外部的保护层通常是柔性的不锈钢护套，也有的是 PVC 或其他柔性塑料材料。有些特殊的光纤可用于特殊的空间或环境，其检测头做成不同的形状以适用于不同的检测要求。

玻璃光纤坚固并且性能可靠，可使用在高温和有化学成分的环境中，它可以传输可见光和红外光。常见的问题就是由于经常弯曲或弯曲半径过小而导致玻璃丝折断，对于这种应用场合，我们推荐使用塑料光纤。

② 塑料光纤

塑料光纤由单根的光纤束(典型光束直径为 0.25～1.5mm)构成，通常有 PVC 外皮。它能安装在狭小的空间并且能弯成很小的角度。

多数的塑料光纤其检测头都做成探针形或带螺纹的圆柱形，另一端未进行加工以方便客户根据使用将其剪短。邦纳公司的塑料光纤都配有一个光纤刀。不同于玻璃光纤，塑料光纤具有较高的柔性，带防护外皮的塑料光纤适于安装在往复运动的机械结构上。塑料光纤吸收一定波长的光波，包括红外光，因而塑料光纤只能传输可见光。与玻璃光纤相比，塑料光纤易受高温、化学物质和溶剂的影响。

对射式和直反式玻璃光纤和塑料光纤既有“单根”-对射式，也有“分叉”-直反式。单根光纤可以将光从发射器传输到检测区域，或从检测区域传输到接收器。分叉式的光纤有两个明显的分支，可分别传输发射光和接收光，使传感器既可以通过一个分支将发射光传输到检测区域，同时又通过另一个分支将反射光传输回接收器。

直反式的玻璃光纤，其检测头处的光纤束是随意布置的，其光纤束沿光纤长度方向一根挨一根布置。

③ 光纤的特殊应用

由于光纤受使用环境影响小,并且抗电磁干扰,因而能用在一些特殊的场合,如适用于真空环境下的真空传导光纤(VFT)和适用于爆炸环境下的光纤。在这两个应用中,特制的光纤安装在特殊的环境中,经一个法兰引出来接到外面的传感器上,光纤和法兰的尺寸多种多样。本安型传感器,如NAMUR型的传感器,可直接用在特殊或有爆炸性危险的环境中。

八、巩固练习

1. 利用光电传感器制作一个检测电路,写出元件清单,并画出电路图。
2. 简述传感器的应用领域。
3. 简述传感器的发展方向。

子项目 4 机器人主控电路的制作与调试

一、项目目标

- 制作并调试机器人硬件控制电路；
- 能够根据要求设计机器人硬件电路；
- 学会示波器的正确使用方法。

二、项目结构

设计并制作一个机器人主控电路，该电路以数字逻辑电路芯片为核心，附加一定的外围电路，该项目的具体实施过程如图 4.1 所示。

三、项目实施

（一）元器件清单

所需仪器及元件清单如表 4.1 所示。

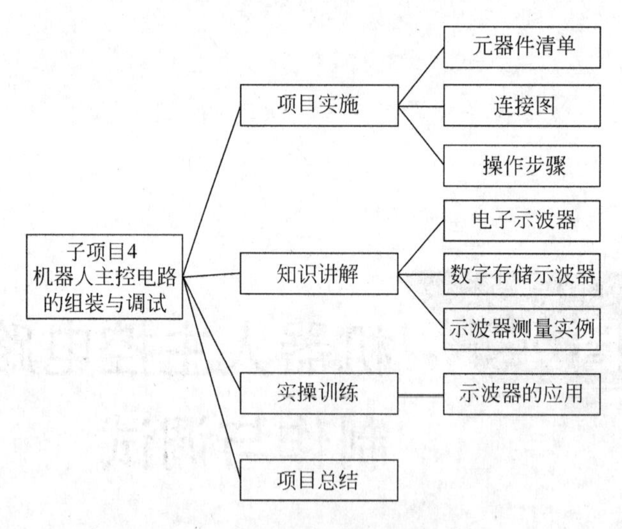

图 4.1 项目具体过程图

表 4.1 仪器及元件清单表

元器件名称	型 号	数 量
数字万用表	VC97	1
直流稳压电源	UTP3703	1
与非门	74LS00	1
非门	74LS14	1
导线	软导线	若干

（二）连接图

控制电路是机器人系统的核心，它接收传感模块的信号，经处理运算，将控制信号送给驱动模块，实现闭环控制，机器人控制电路连接如图 4.2 所示。

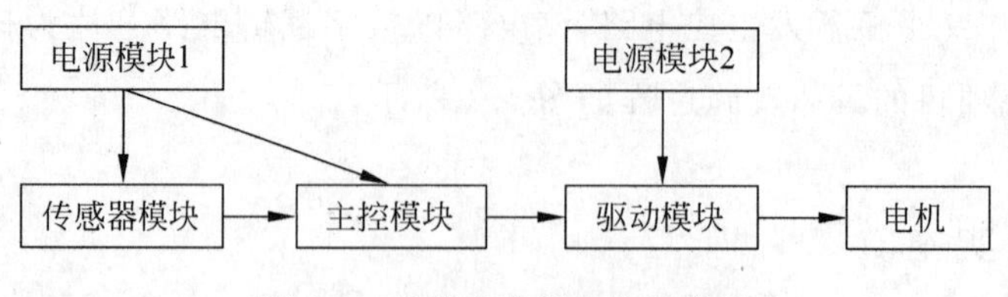

图 4.2 机器人控制电路连接图

（三）操作步骤

基本的控制逻辑有与、或、非三种，分别对应数字逻辑芯片与门、或门和非门，下面以非门为例进行实际操作。

(1) 连接好一个传感器的输出和一个非门的输入端。

(2) 连接好非门输出和驱动模块的输入端。

(3) 连接好驱动模块的输出和电机。

(4) 传感器前方不放置任何障碍物,观察非门输出结果。

(5) 传感器前方放置障碍物,观察非门输出结果。

(6) 把两个传感器安装在机器人小车的前方,左右侧各一个。

(7) 分析输出信号对小车运行状态的影响。两路驱动共有 4 路输出信号,每路信号有两种状态,要么为 0,要么为 1,所以一共有 16 种情况。填入输入信号与小车运行状态,如表 4.2 所示。

表 4.2　输入信号与小车运行状态列表

序号	IN1	IN2	IN3	IN4	小车运行状态
1	0	0	0	0	
2	0	0	0	1	
3	0	0	1	0	
4	0	0	1	1	
5	0	1	0	0	
6	0	1	0	1	
7	0	1	1	0	
8	0	1	1	1	
9	1	0	0	0	
10	1	0	0	1	
11	1	0	1	0	
12	1	0	1	1	
13	1	1	0	0	
14	1	1	0	1	
15	1	1	1	0	
16	1	1	1	1	

(8) 根据上一步列表中所得小车运行状态的结论,写出小车运行状态与输入信号对照表,如表 4.3 所示。总结小车前进、后退、左转、右转分别对应的输入信号,填入表 4.3 中。

表 4.3　小车运行状态与输入信号对照表

序号	小车运行状态	IN1	IN2	IN3	IN4
1	前进				
2	后退				
3	左转				
4	右转				

动脑筋：将两个传感器安装在小车的正前方的左右两侧，当两个传感器都没有检测到障碍时，小车向前运行；当左侧传感器遇到障碍时，小车右转；当右侧传感器遇到障碍时，小车左转；当两个传感器同时遇到障碍时，小车立即停止。请设计一种方案，实现上述功能。

四、知识拓展

（一）电子示波器

电子示波器是电子测量中最常用的一种仪器。它可以直观地显示电信号的时域波形图像，并根据波形测量信号的电压、频率、周期、相位、调幅系数等参数。示波器可以工作在 X-Y 模式下，用来反映相互关联的两信号之间的关系。所以，在科学研究方面，示波器获得了广泛应用。

根据目前发展的现状，电子示波器主要可分为模拟示波器和数字示波器。

1. 波形显示原理

(1) 波形显示

示波器之所以能用来观测信号波形，是基于示波管的线性偏转特性，即电子束在垂直和水平方向上的偏转距离正比于加到相应偏转板上的电压大小。电子束沿垂直和水平两个方向的运动相互独立，打在荧光屏上的亮点位置取决于同时加在两偏转板上的电压。

当两偏转板不加任何信号时，光点处于荧光屏的中心位置，当只在垂直偏转板上加一个随时间作周期性变化的被测电压时，电子沿垂直方向运动，其轨迹为一条垂直线段，如图 4.3 所示。

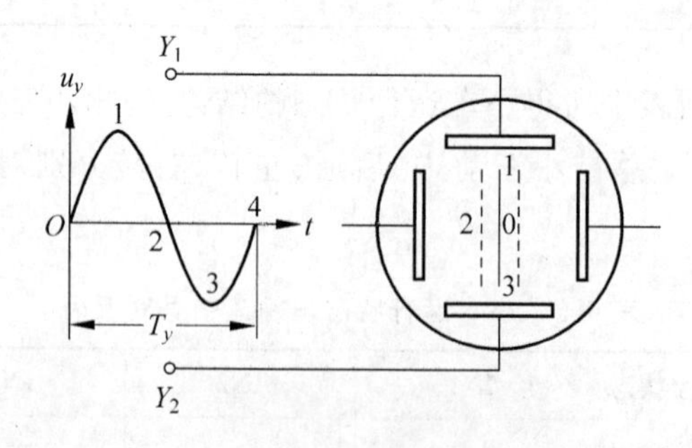

图 4.3　只加 u_y 显示竖直线段

若只在水平偏转板上加一个周期性电压，则电子束运动轨迹为一水平线段，如图 4.4 所示。

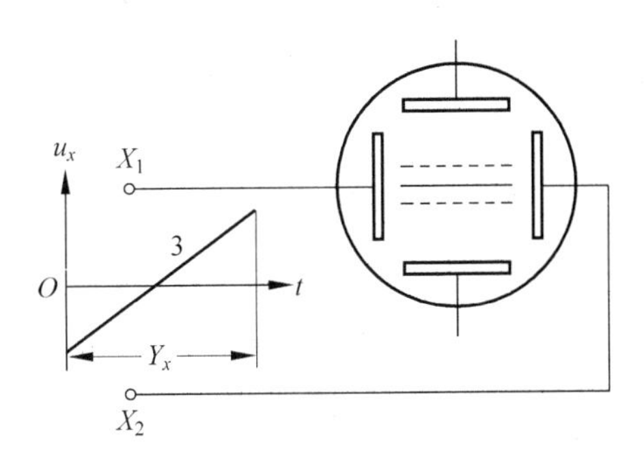

图 4.4　只加 u_x 显示水平线段

被测电压是时间函数，可用式 $u_y = f(t)$ 表示。对应于每一时刻，它都有确定的值与之相对应。

要在荧光屏上显示被测电压波形，就要把屏幕作为一个直角坐标，其垂直轴作为电压轴，水平轴作为时间轴，使电子在垂直方向偏转距离正比于被测电压的瞬时值，沿水平方向的偏转距离与时间成正比，也就是使光点在水平方向作恒速运动。要达到此目的，就必须在示波管的水平偏转板上加随时间线性变化的扫描锯齿波电压，扫描锯齿波波形图如图 4.5 所示。

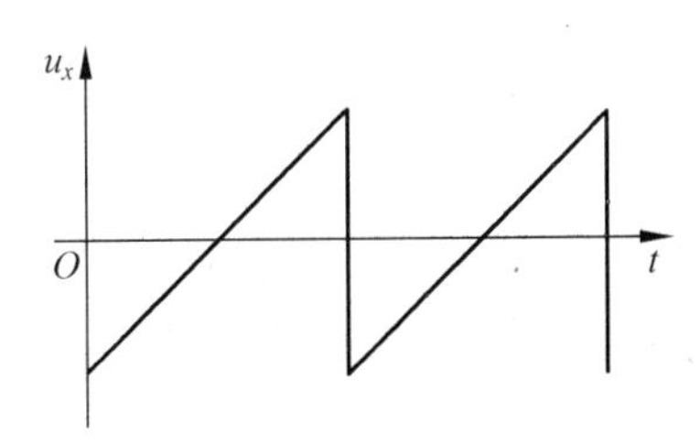

图 4.5　扫描锯齿波波形图

(2) 扫描

理想的锯齿波如图 4.5 所示。当仅在水平偏转板加锯齿波电压时，亮点沿水平方向从左至右恒速运动。当扫描电压达到最大值时，亮点亦达最大偏转，然后从该点迅速返回至起始点。若扫描电压重复变化，在屏幕上就显示一条亮线，这个过程称为“扫描”。

亮点由左边起始点到达最右端的过程称为“扫描正程”，而从最右端迅速返回到起始点的过程叫作“扫描回程”或“扫描逆程”。上述水平亮线称“扫描线”。

在水平偏转板有扫描电压作用的同时，若在垂直转板上加被测信号电压，就可以将其波形显示在荧光屏上，如图 4.6 所示。

图 4.6 中，被测电压 u_y 的周期为 T_y，如果扫描电压 u_x 的周期 T_x 正好等于 T_y，则在 u_y 与 u_x 共同作用下，亮点的光迹正好是一条与 u_y 相同的曲线(在此为正弦曲线)，亮点从 0 点经 1、2、3 至 4 点的移动为正程；从 4 点迅速返回 0′点的移动为回程。图 4.6 中

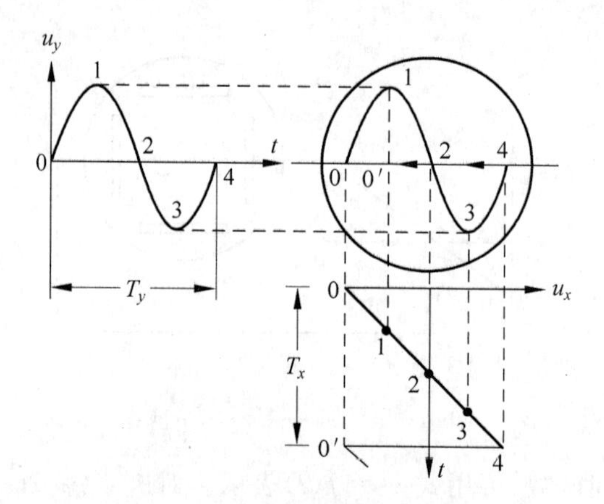

图 4.6　波形显示原理

的回程时间为零。

由于扫描电压 u_x 随时间作线性变化，所以屏幕的 X 轴就成为时间轴。亮点在水平偏转的距离大小代表了时间的长短，故也称扫描线为时间基线。

(3) 同步

上述是 $T_y = T_x$ 的情况。如果使 $T_x = 2T_y$，则在荧光屏上显示如图 4.7 所示的波形。

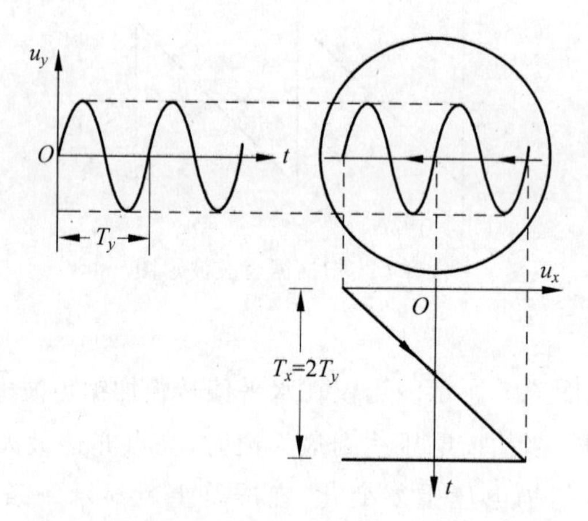

图 4.7　$T_x = 2T_y$ 时显示的波形

由于波形多次重复出现，而且重叠在一起，所以可观察到一个稳定的波形(图 4.7 中显示两个周期的波形)。

由此可见，如想增加显示波形的周期数，则应增大扫描电压 u_x 的周期，即降低 u_x 的频率。荧光屏显示被测信号的周期个数就等于 T_x 与 T_y 之比 n(n 为正整数)。

动脑筋：如果 T_x 不是 T_y 的整数倍，会有什么结果呢？

$T_x = \frac{7}{8} T_y$ 时的情况如图 4.8 所示。

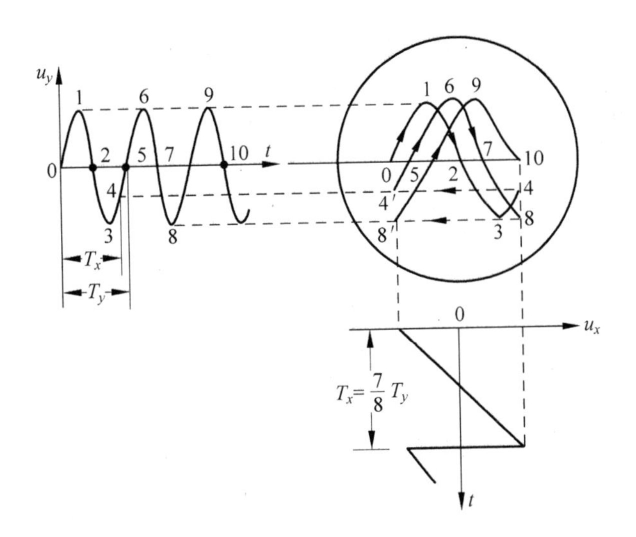

图 4.8　$T_x=\frac{7}{8}T_y$ 时显示的波形

设 u_y 为正弦电压，u_x 为周期性的锯齿波电压。第 1 个扫描周期显示出 0～4 点之间的曲线，并在 4 点迅速跳到 4′点，再开始第二个扫描周期，显示出从 4′～8′点之间的曲线，每次显示的波形不重叠，好像向右跑动一样。

动脑筋：如果 $T_x=1\frac{1}{8}T_y$，则波形看起来是什么效果？

这两种情况，显示的波形都是不稳定的，这是在调节过程中经常出现的现象。其原因就是 T_x 和 T_y 不成整数倍的关系而形成每次扫描的起始点不对应被测信号相同相位点所引起的。

所以，为了在屏幕上获得稳定波形，T_x 与 T_y 必须成整数倍关系，即 $T_x=nT_y$。在使用示波器时应当有意识地进行调节，以保证每次扫描的起始点都对应在信号电压的相位点上，这种过程就是所谓的“同步”。

总之，电子在被测电压与扫描电压的共同作用下，亮点在荧光屏上所描绘的图形反映了被测信号随时间的变化过程，当多次重复时就构成稳定的波形。

若加在水平偏转板上不是由示波器内部产生的扫描锯齿波信号，而是另一路被测信号，则示波器工作于 X-Y 显示方式，它可以反映加在两偏转板上的电压信号之间的关系。两个同频率信号构成的李沙育图形如图 4.9 所示。

图 4.9 所示为两个偏转板都加正弦波时显示的图形，称为李沙育图形。若两信号频率相同，初相位也相同，则显示一条斜线；若相位相差 90°，则显示为一个圆。

动脑筋：如果两信号频率相同，初相位相差 45°，会出现怎样的图形？

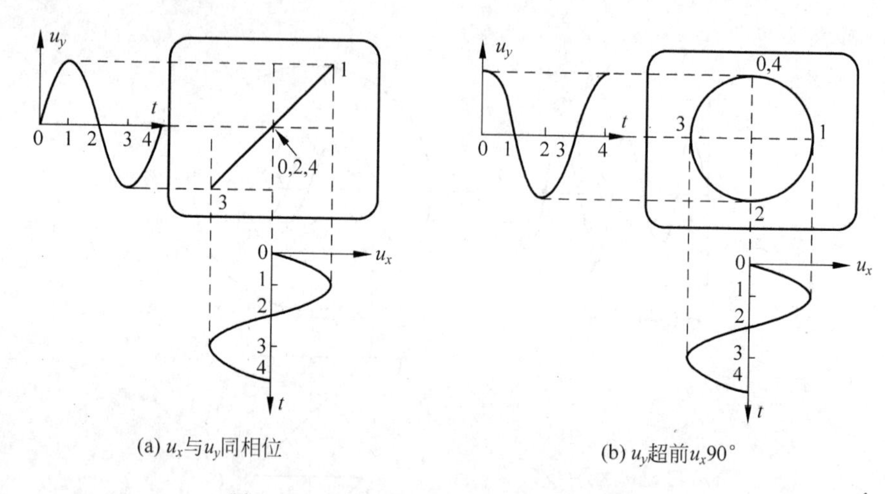

图 4.9　两个同频率信号构成的李沙育图形

2. 示波器探头

(1) 探头

探头的作用是便于直接探测被测信号、提供示波器的高输入阻抗、减小波形失真等。

探头分有源探头和无源探头,这里只讨论无源探头。无源探头由 R、C 组成,无源探头原理电路如图 4.10 所示。其中 C 是可变电容,调整 C 对频率变化的影响进行补偿。

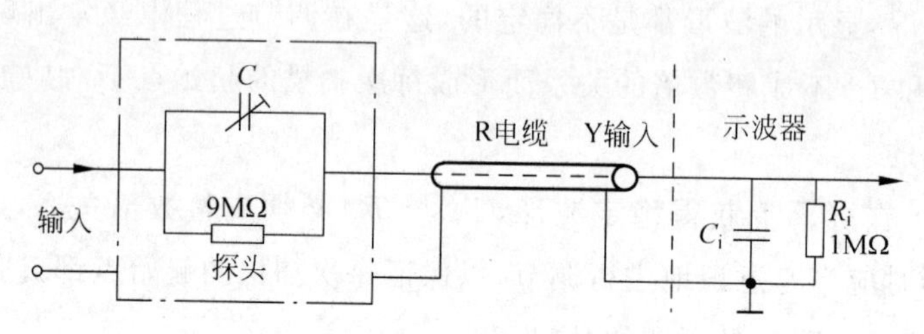

图 4.10　无源探头原理电路

无源探头一般对信号衰减 10 倍,有的探头其衰减系数有 1 和 10 两种,供使用时灵活选择。

(2) 耦合方式选择开关

耦合方式选择开关有三个挡位：DC、AC、接地。将开关置于直流耦合 DC 位,信号可直接通过。在交流耦合 AC 位,信号必须经过电容 C 耦合至衰减器,只有交流分量才可通过。若处于接地位,在不需要断开被测信号的情况下,可为示波器提供接地参考电平。

(3) 步进衰减器

步进衰减器的作用是在被测信号较大时,先经衰减再输入,使信号在 Y 通道传输时不至于因幅度过大而失真或引起仪器损坏。电路采用具有频率补偿的阻容衰减器，阻容衰减器原理图如图 4.11 所示。

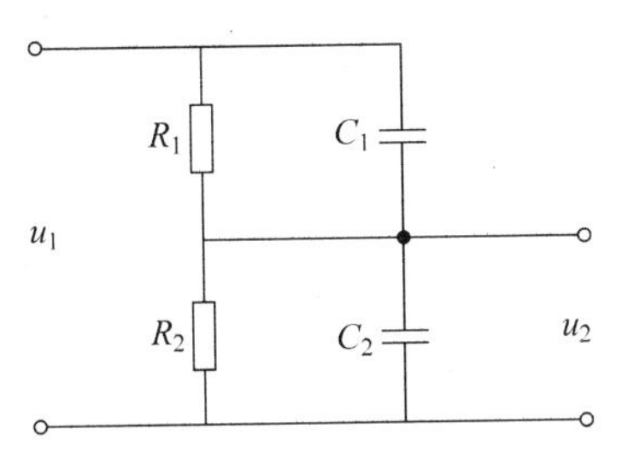

图 4.11　阻容衰减器原理图

对于不同的衰减量，Y 通道中都有一个与之对应的阻容衰减器，这样，当需要改变衰减量时，便由切换开关切换不同的衰减电路来实现。

电路中 R_1、R_2 主要对直流及低频交流信号进行衰减，C_1、C_2 主要对较高频率信号进行衰减。为了对同一信号中的不同频率分量进行相同的衰减，应满足

$$\frac{R_2}{R_1+R_2}=\frac{C_1}{C_1+C_2} \tag{4.1}$$

化简后得

$$R_1C_1=R_2C_2 \tag{4.2}$$

此时分压电路的衰减量与信号频率无关，其值恒为$\frac{R_2}{R_1+R_2}$。

（二）数字存储示波器

数字存储示波器是 20 世纪 70 年代初发展起来的新型示波器。它可以方便地实现对模拟信号进行长期存储，并可利用机内微处理器系统对存储的信号作进一步的处理，例如对被测波形的频率、幅值、前后沿时间、平均值等参数进行自动测量以及多种复杂的处理。

数字存储示波器的出现使传统示波器的功能发生了重大变革。下面主要讨论数字存储示波器的组成及工作原理。

1. 数字存储示波器的特点

与模拟示波器相比，数字存储示波器具有以下特点。

（1）最高采样速率

数字存储示波器的基本工作原理是在被测模拟信号上采样，以有限的采样点来表示整个波形。最高采样速率即指单位时间内取样的次数，也称数字化速率，用每秒钟完成的 A/D 转换的最高次数来衡量，单位为采样点/秒（Sa/s），也常以频率来表示。

采样速率越高,示波器捕捉信号的能力越强。采样速率主要由A/D转换速率来决定。现代数字存储示波器最高采样率可达20GSa/s。

(2) 存储带宽

数字存储示波器的存储带宽由示波器的前端硬件(输入探头等)和A/D转换器的最高转换速率决定。存储带宽主要反映在最大数字化速率(取样速率)时,还要能分辨多位数(精确度要求)。最大存储带宽由采样定理确定,即当采样速率大于被测信号中最高频率分量频率的两倍时,即可由取样信号无失真地还原出原模拟信号。通常信号都是有谐波分量的,一般用最高采样速率除以25作为有效的存储带宽。

(3) 分辨力

分辨力指示波器能分辨的最小电压增量和最小时间增量,即量化的最小单元。它包括垂直分辨力(电压分辨力)和水平分辨力(时间分辨力)。垂直分辨力与A/D转换器的分辨力相对应,常以屏幕每格的分级数(级/div)或百分数来表示,也可以用A/D转换器的输出位数来表示。目前,数字示波器的垂直分辨力已达12~14位。时间分辨力由A/D转换器的转换速率来决定,常以屏幕每格含多少个取样点或用百分数来表示。A/D转换器的精度与速度是一对矛盾量,一般在这两者之间取一个折中值。

(4) 存储容量

存储容量又称存储深度,它由采集存储器(主存储器)的最大存储容量来表示,常以字(word)为单位。早期数字存储器常采用256、512、1K、4K等容量的高速半导体存储器。新型的数字存储示波器采用快速响应深存储技术,存储容量可达2MB以上。

(5) 读出速度

读出速度是指将数据从存储器中读出的速度,常用t/div来表示。其中,时间t为屏幕中每格内对应的存储容量×读脉冲周期。使用中应根据显示器、记录装置或打印机等对读出速度进行选择。

2. 数字存储示波器的主要技术指标

数字存储示波器中与波形显示部分有关的技术指标和模拟示波器相似,下面仅分析与波形存储部分有关的主要技术指标。

(1) 对信号波形的采样、存储与波形的显示可以分离。

在存储工作阶段,对快速信号采用较高的速率进行采样和存储,对慢速信号则采用较低速率进行采样和存储;而在显示工作阶段,对不同频率的信号,却可以采用一个固定的速率将数据读出,不受取样速率的限制。它可以无闪烁地观测极慢信号,这是模拟示波器无能为力的。观测极快信号时,数字存储示波器采用低速显示,可以使用一般带宽、高精确度、高可靠性而低造价的光栅扫描式示波管。

(2) 能长期存储信号。

理论上信号存储时间可以是无限长。这种特性对观察单次出现的瞬变信号,如单次冲击波、放电现象等尤其有用。同时,还可利用这种特性进行波形比较。由于数字存储示波器通常是多通道的,可利用其中一个通道存储标准或参考波形并加以保护,其他通道用来观察需要比较的信号。

(3) 具有先进的触发功能。

和普通示波器不同,数字存储示波器不仅能显示触发后的信号,而且能显示触发前的信号,并且可以任意选择超前或滞后的时间。一般数字存储示波器可提供边沿触发和TV触发,新型的数字存储示波器还提供码型触发、脉冲宽度触发、序列触发、SPI(串行协议接口)触发、USB(通用串行总线)触发、CAN(控制域网络)触发等多种高级触发方式。

(4) 具有很强的处理能力。

数字存储示波器内含微处理器,因而能自动实现多种波形参数,例如上升时间、下降时间、脉宽、频率、峰值等参数的测量与显示;能对波形实现取平均值、取上下限值、频谱分析以及进行“+”、“-”、“×”、“÷”等多种复杂的运算处理;还具有自检与自校等多种自动操作功能。

(5) 便于观测单次过程和缓慢变化的信号。

数字存储示波器只要对波形进行一次取样存储,就可以长期保存、多次显示,并且取样、存储和读出、显示的速度可以在很大范围内调节。因此它便于捕捉和显示单次瞬变信号或缓慢变化的信号。只要设置好触发源和取样速度,就能在现象发生时将其采集下来并存入存储器。这一特点使数字存储示波器在很多非电测量中得到广泛应用。

(6) 具有多种显示方式。

为了适应对不同波形的观测,数字存储示波器具有多种灵活的显示方式,主要有存储显示、滚动显示、双踪显示和插值显示等。还可利用深存储技术和多亮度等级显示技术,提高示波器的清晰度。

(7) 可用字符显示测量结果。

荧光屏上的每个光点都对应存储区内确定的数据,可用面板上的控制装置(如游标)在荧光屏上标示两个被测点,算出两点间的电压和时间差。另一方面,计算机有一套成熟的字符显示功能,因此可以直接在荧光屏上用字符显示出测量结果。

(8) 便于程控和用多种方式输出。

数字存储示波器的主要部分是一个微机系统,并装有专用或通用的操作系统(如Windows等),因此便于通过通用接口总线接受程序控制。存储区中存储的数据,可在计算机控制下通过多种接口,用各种方式输出。例如,可以通过GPIB接口或串行接口与绘图仪、打印机连接,进行数据输出。也可输出BCD码或进行较远距离传递,如通过 Internet 进行远程控制等。

(9) 便于进行功能扩展。

数字存储示波器中微计算机的应用为仪器的功能扩展提供了条件。例如,运用计算机的运算功能,可对存储的时域数据进行快速傅里叶变换,计算出它的频域特性。利用快速傅里叶变换功能,还可以对信号进行谐波失真度分析、调制特性分析等多种分析。可以对存储区的数字量进行加工,可以把数字存储示波器和数字电压表结合起来。此外,在存储区存入按某种规律变化的数据再循环调出,经 D/A 转换和锁存输出,还能构成一个信号源。可通过更新软件对示波器功能进行升级。

(10) 实现多通道混合信号测量。

这种数字示波器除了具有 2～4 个模拟输入通道外,还具有若干位(例如 16 位)数字信号输入通道,可实现对数字模拟混合电路信号的观测,兼有示波器和逻辑分析仪的功能。

(11) 发展为便携式示波器。

数字存储示波器采用大规模集成电路、液晶显示器等元器件,使示波器的体积大大缩小,重量大大降低。最小的万用示波表仅有一般的数字万用表那么大,且兼有万用表和示波器的功能。这种示波表配有优良的充电电源,可连续工作四五个小时,便于野外工作。

3. 数字存储示波器的组成及工作原理

数字存储示波器组成框图如图 4.12 所示。

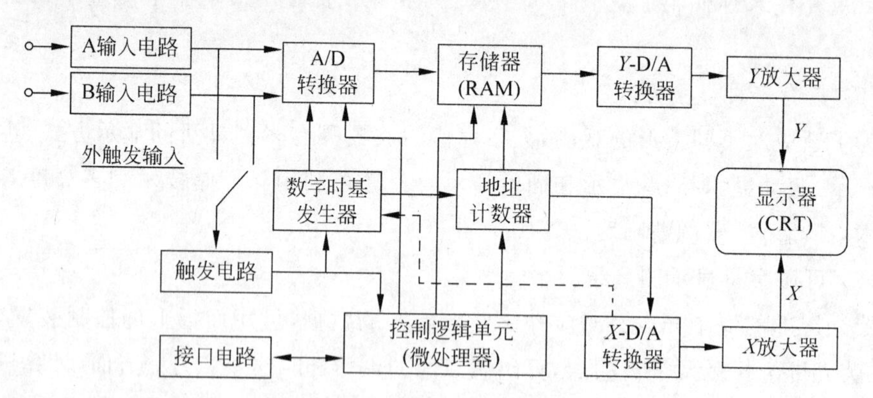

图 4.12　数字存储示波器原理框图

数字存储示波器的工作原理可分为波形的取样与存储、波形的显示、波形的测量与处理等几部分。

数字存储示波器的工作过程一般分为存储和显示两个阶段。

在存储阶段,模拟输入信号先经适当的放大和衰减,送入 A/D 转换器进行数字化处理，转换为数字信号，最后，将 A/D 转换器输出的数字信号写入存储器中。

在显示阶段，一方面将信号从存储器中读出，送入 D/A 转换器转换为模拟信号，经垂直放大器放大后加到示波管的垂直偏转板。与此同时，CPU 的读地址信号加至 D/A 转换器，得到一阶梯波电压，经水平放大器放大后加至示波管的水平偏转板，从而达到在示波管上以稠密的光点重现输入模拟信号的目的。

现在的许多数字示波器已不再使用阴极射线示波管作为显示器件，取而代之的是液晶显示器（LCD）。使用液晶显示器显示波形时不需将存储的数字信号再转换为模拟信号，而是将存储器中的波形数据和读地址信号送入 LCD 驱动器，驱动 LCD 显示波形。

对被测信号的波形进行特定的取样、转换和存储是存储示波器最基础的工作，下面详细介绍其工作原理。

取样：将连续波形离散化是通过取样来完成的，将每一个离散模拟量进行 A/D 转换，就可以得到相应的数字量。再把这些数字量按顺序存放在 RAM 中。

A/D 转换器：A/D 转换器是波形存储的关键部件，它决定了示波器的最高取样速率、存储带宽以及垂直分辨力等多项指标。目前采用的 A/D 转换形式有逐次比较型、并联型、串/并联型以及 CCD（电荷耦合器件）与 A/D 转换器相配合的形式等。

数字时基发生器：用于产生取样脉冲信号，以控制 A/D 转换器的取样速率和存储器的写入速度。其组成依取样方式的不同而有所差别。示波器工作于实时取样状态时，时基发生器相当于扫描时间因数控制器，它实际上是一个时基分频器，先由晶振产生时钟信号，再用若干分频器将其分频，即可得到各种不同的时基信号。由该信号来控制 A/D 转换器即可得不同的取样速率。

数字存储示波器的工作是先将模拟信号经 A/D 转换后存入存储器，然后再从存储器读出。数据写入存储器的速度与扫描时间因数有关，例如对于 1KB×8 存储器，水平方向有 1024 个点。若扫描线长度控制在 10. 24div，则每分格为 100 个取样点。若控制 A/D 转换速率为 20MSPS，则完成 100 次转换需 5μs，即对应扫描时间因数为 5μs/div；若控制 A/D 转换速率为 2kSPS，则完成 100 次转换需 50ms，即对应扫描时间因数为 5ms/div。

存储器：为了实现对高速信号的测量，应该选用存储速度较高的 RAM，若要测量的时间长度较长，则应选用存储容量较大的 RAM。要想断电后仍能长期存储波形数据，则应配有 E^2PROM，有些新型数字示波器配有硬盘和软驱，可将波形数据以文本文件的形式长期保存。

4. 数字存储示波器的显示方式

为了适应对不同波形的观察，数字存储示波器有多种灵活的显示方式。

存储显示：存储显示是数字存储示波器最基本的显示方式。它显示的波形是由一次触发捕捉到的信号片段，即在一次触发形成并完成信号数据存储之后，再依次将数据读出，经 D/A 转换为模拟信号，加到 Y 偏转板，从而将波形稳定地显示在 CRT 上。

双踪显示：双踪显示与存储方式密切相关。存储时，为了使两条复现的波形在时间上保持原有的对应关系，常采用交替存储技术。两个通道的数据分别存入奇地址单元和偶地址单元，如图 4.13 所示。

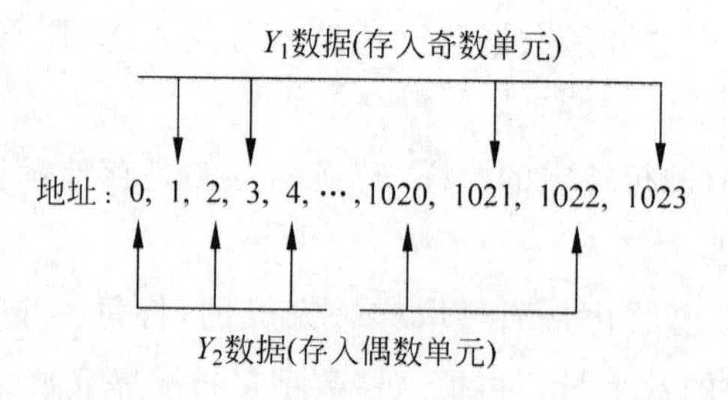

图 4.13　双踪显示的存储方式

（三）示波器测量实例

示波器的基本测量技术，就是进行时域分析。可以用示波器测量电压、时间、相位及其他物理量。

由于示波器可将被测信号显示在屏幕上，因此可以借助其 X、Y 坐标标尺测量被测信号的许多参量，如幅度、周期、脉冲的宽度、前后沿、调幅信号的调幅系数等。

(1) 电压测量

利用示波器可以测量直流电压，也可以测量交流电压；可以测量各种波形电压的瞬时值，也可以测量脉冲电压波形各部分的电压。

电压测量方法是先在示波器屏幕上测出被测电压的波形高度，然后和相应通道的偏转因数相乘即可，于是可得电压测量换算公式：

$$U = y \times D_y \times K_y \tag{4.3}$$

式中，U——测量的电压值，峰-峰值或幅值，单位为伏(V)。

y——测量波形的高度，单位为厘米(cm)或格(div)。

D_y——偏转因数，单位为伏/厘米(V/cm)或伏/格(V/div)。

K_y——探头衰减系数，一般为 1 或 10。

例 4.1　直流电压测量。

用于测量直流电压的示波器，其通频带必须从直流(DC)开始，若其下限频率不是零，则不能用于直流电压测量。

测量方法如下。

(1) 将示波器各旋钮调到适当位置，使屏幕上出现扫描线，将电压输入耦合方式开关置于“⊥”位置，然后调节水平位置旋钮使扫描线位于荧光屏幕中间。如使用双踪示波器，应将垂直方式开关置于所使用的通道。

(2) 确定被测电压极性。接入被测电压，将耦合方式开关置于 DC 位。注意扫描光迹的偏移方向，若光迹向上偏移，则被测电压为正极性，否则为负极性。

(3) 将耦合方式开关再置于“⊥”位，然后按照直流电压极性的相反方向，将扫描线调到荧光屏刻度线的最低或最高位置上，将此定为零电平线，此后不再调动水平位置旋钮。

(4) 测量直流电压值。将耦合方式开关再拨到 DC 位置上，选择合适的 Y 轴偏转因数(V/div)，使屏幕显示尽可能多地覆盖垂直分度(但不要超过有效面积)，以提高测量准确度。如在测量时，示波器的 Y 轴偏转因数开关置于 0.5V/div，被测信号经衰减 10 倍的探头接入，屏幕上扫描光迹向上偏移 5.5div，如图 4.14 所示，则被测电压极性为正，其大小为

$$U = 5.5\text{div} \times 0.5\text{V/div} \times 10 = 27.5\text{V} \tag{4.4}$$

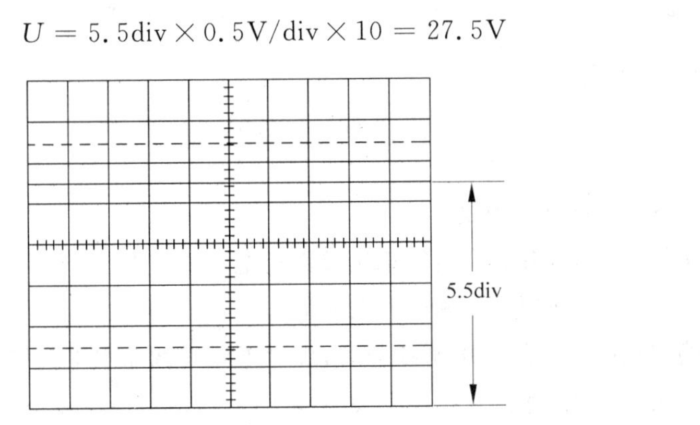

图 4.14　直流电压测量

例 4.2　正弦波峰-峰值测量。

使用示波器测量电压的优点是在确定其大小的同时可观察波形是否失真，还可同时显示其频率和相位，但示波器只能测出被测电压的峰值、峰-峰值、任意时刻的电压瞬时值或任意两点间的电位差值，数字存储示波器还可以显示电压有效值或平均值。

测量时先将耦合方式开关置于“⊥”位置，调节扫描线至屏幕中心(或所需位置)，以此作为零电平线，以后不再调动。

将耦合方式开关置 AC 位置，接入被测电压，选择合适的 Y 轴偏转因数(V/div)，使显示的波形的垂直偏转尽可能大，但不要超过屏幕有效面积，还应调节有关旋钮，使屏幕上显示一个或几个稳定波形。

如偏转因数为 1V/div，探头未衰减，被测正弦波峰-峰值如图 4.15 所示。

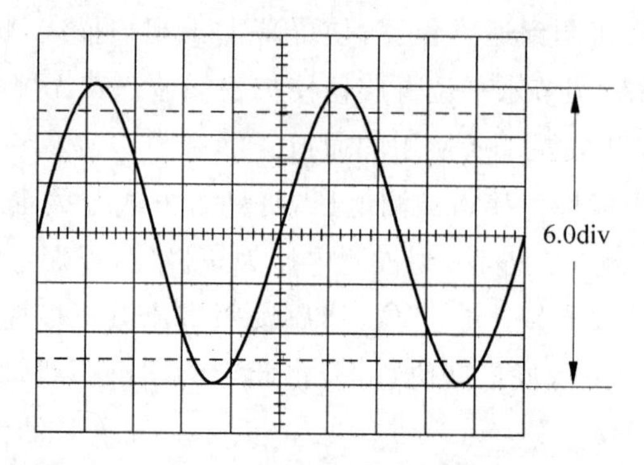

图 4.15 正弦电压测量

占 6.0div,则其峰-峰值为

$$U_{p\text{-}p} = 0.6\text{div} \times 1\text{V/div} = 6.0\text{V} \tag{4.5}$$

幅值为

$$U_m = \frac{U_{p\text{-}p}}{2} = \frac{6.0\text{V}}{2} = 3.0\text{V} \tag{4.6}$$

有效值为

$$U = \frac{U_m}{\sqrt{2}} = \frac{3.0\text{V}}{\sqrt{2}} = 2.1\text{V}$$

例 4.3 合成电压测量。

在实际测量中,除了单纯的直流或交流电压测量外,往往需要测量既有交流分量又有直流分量的合成电压,测量方法如下。

先确定扫描光迹的零电平线位置,此后不要再调动水平位子旋钮。

接入被测电压,将输入耦合开关置于 DC 位,调节有关旋钮使荧光屏上显示稳定的波形,选择合适的 Y 轴偏转因数,使光迹获得足够偏转但不超过有效面积。测量电压方法与前面介绍相同。

若荧光屏显示的波形图如图 4.16 所示,用 10∶1 探头,“V/div”开关在 2V/div 挡,“微调”旋钮置于“校准”位,则得交流分量电压峰-峰值:

$$U_{p\text{-}p} = 2\text{V/div} \times 4.0\text{div} \times 10 = 80\text{V} \tag{4.7}$$

直流分量电压:

$$U_D = 2\text{V/div} \times 3.0\text{div} \times 10 = 60\text{V} \tag{4.8}$$

由于波形在零电平线的上方,所以测得的直流电压为正电压。

(2) 时间测量

时间测量包括测量信号周期(频率也可由周期计算出)、脉冲宽度、前后沿等。用示波器测量时间时,同时还要注意有没有扫描扩展。计算公式如下:

$$T = \frac{x \times D_x}{K_x} \tag{4.9}$$

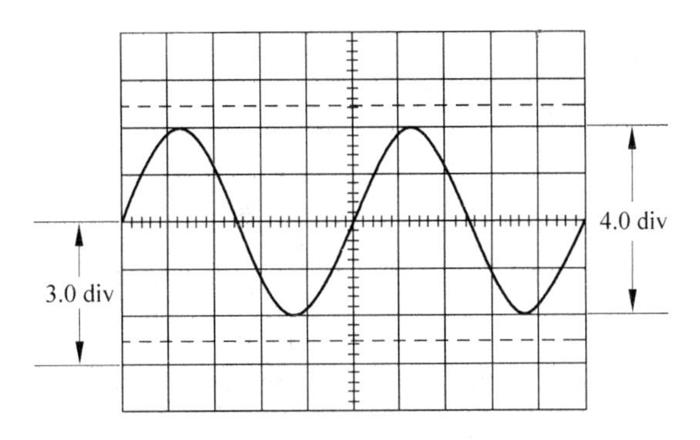

图 4.16　合成电压测量

式中，T——测量的时间值，可以是周期脉冲宽度等，单位为秒(s)。

x——测量波形的宽度，单位为厘米(cm)或格(div)。

D_x——时基因数，单位为秒(s/cm)或秒/格(s/div)。

K_x——水平扩展倍数，一般为1或10。

例 4.4　正弦周期测量。

当接入被测信号后，应调节示波器的有关旋钮，使波形的高度和宽度均比较合适，并移动波形至屏幕中心区和选择表示一个周期的被测点 A、B，将这两点移到刻度线上以便读取具体长度值，如图 4.17 所示。读出$\overline{AB}=x$ div，扫描因数 D_x 及 X 轴扩展倍率 K_x，则可推算出被测信号的周期。

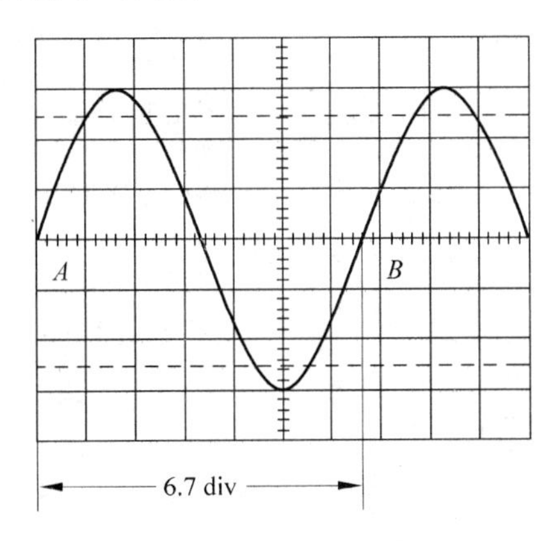

图 4.17　波形周期测量

在图 4.17 中，若知道信号一个周期的 $x=6.7\text{div}$，$D_x=10\text{ms/div}$，扫描扩展置于常态(即不扩展)，求被测信号周期。则

$$T = 6.7\text{div} \times 10\text{ms/div} = 67\text{ms} \tag{4.10}$$

根据信号频率和周期互为倒数的关系，用前面所述的方法，先测得信号周期，再换算为频率：

$$f = \frac{1}{T} = \frac{1}{67\text{ms}} \approx 14.9\text{Hz} \tag{4.11}$$

这种测量精确度不太高，常用作频率的粗略测量。

例 4.5 矩形脉冲宽度和上升时间测量。

同一被测信号中任意两点间时间间隔的测量方法与周期测量法相同。下面以测量矩形脉冲的上升沿时间与脉冲宽度为例进行讨论。

接入被测信号后，正确操作示波器有关旋钮，使脉冲的相应部分在水平方向充分展开，并在垂直方向有足够幅度。图 4.18 是测量脉冲上升沿和脉冲宽度的具体实例。在图 4.18(a)中，脉冲幅度占 5.0div，并且 10%和 90%电平处于网格上，很容易读出上升沿的时间。在图 4.18(b)中，脉冲幅度占 0.6div，50%电平也正好在网格横线上，很容易确定脉冲宽度。

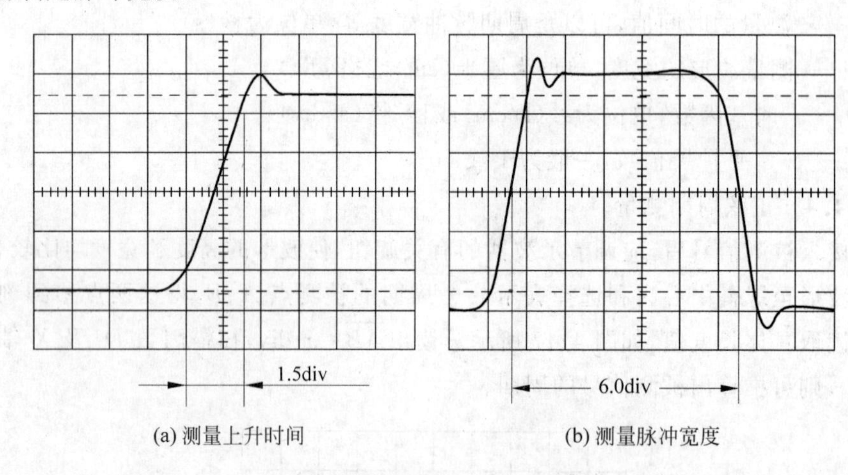

图 4.18 测量脉冲上升沿和宽度

若测脉冲宽度和上升时间时基因数为 1μs/div，脉冲宽度占 0.6div，上升时间占 1.5div，扫描扩展均为 10 倍，则该上升时间为

$$t_r = \frac{1.5\text{div} \times 1\mu\text{s/div}}{10} = 0.15\mu\text{s} \tag{4.12}$$

脉冲宽度为

$$t_w = \frac{6.0\text{div} \times 1\mu\text{s/div}}{10} = 0.60\mu\text{s} \tag{4.13}$$

测量时需注意，示波器的 Y 通道本身存在固有的上升时间，这对测量结果有影响，尤其是当被测脉冲的上升时间接近于仪器本身固有上升时间时，误差更大，此时必须加以修正。可按下式进行

$$t_r = \sqrt{t_{rx}^2 - t_{r0}^2} \tag{4.14}$$

式中，t_r——被测脉冲实际上升时间；

t_{rx}——屏幕上显示的上升时间；

t_{r0}——示波器本身固有上升时间。

一般当示波器本身固有上升时间小于被测信号上升时间的1/3时，可忽略t_{r0}的影响；否则，必须按式(4.14)修正。

例4.6　测量两个信号(主要指脉冲信号)的时间差。

用双踪示波器测量两个脉冲信号之间的时间间隔很方便。将两个被测信号分别接到Y轴两个通道的输入端，根据波形的时刻t_1与波形的时刻t_2在屏幕上的位置及所选用的扫描因数确定时间间隔，如图4.19所示。

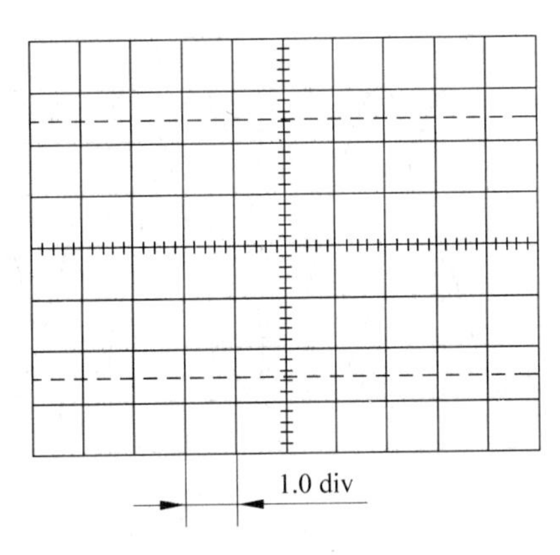

图4.19　用双踪示波器测量时间间隔

若时基因数为5ms/div，时间间隔x为1.0div，扫描扩展置于常态，则该时间间隔为

$$t_d = 1.0\text{div} \times 5\text{ms/div} = 5.0\text{ms} \tag{4.15}$$

注意：当脉冲宽度很窄时，不宜采用“断续”显示。

(3) 比值测量

有些参数可通过计算两个电压或时间之比的方法获得。此时，若分子、分母上所使用的时基因数和偏转因数相同，则在计算中可将其省略。因此，测量这些参数时只要将波形上两个宽度或高度相比即可，不需要将时基因数或偏转因数代入计算。因此，时基因数和偏转因数的微调无须置于“校准”位置，将波形调至合适大小即可。但应注意，在读取波形上两个宽度值或是高度值之间时，时基因数或偏转因数不应再调整。可通过求比值测量的参数包括相位差、调幅系数等，李沙育图形法测量也可归为此类。

例4.7　正弦波相位差测量。

相位差指两个频率相同的正弦信号之间的相位差，亦即其初相位之差。

对于任意两个同频率不同相位的正弦信号，设其表达式为

$$u_1 = U_{m1}\sin(\omega t + \varphi_1) \tag{4.16}$$

$$u_2 = U_{m2}\sin(\omega t + \varphi_2) \tag{4.17}$$

若以u_1为参考电压，则u_2相对于u_1的相位差$\Delta\varphi$为

$$\Delta\varphi = (\omega t + \varphi_2) - (\omega t + \varphi_1) = \varphi_2 - \varphi_1 \tag{4.18}$$

可见,它们的相位差是一个常量,即为初相位之差。若以 u_1 作为参考电压,当 $\Delta\varphi > 0$ 时,认为 u_2 超前 u_1;若 $\Delta\varphi < 0$ 时,则认为 u_2 滞后 u_1。

相位差的测量本质上和两个脉冲信号之间时间间隔的测量相同,故其测量方法也相同,一般用双踪示波器进行测量。

使用双踪示波器测量相位时,可将被测信号分别接入 Y 系统的两个通道输入端,如图 4.20 所示。

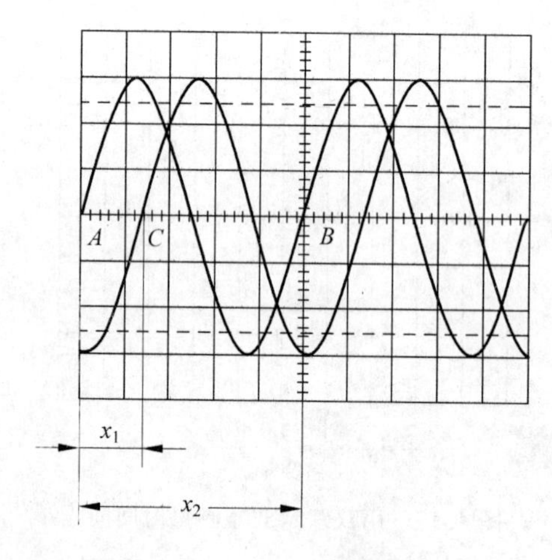

图 4.20　用双踪示波器测量相位差

这时可从图 4.20 中直接读出 $x_1 = AC$ 和 $x_2 = AB$ 的长度,则

$$\Delta\varphi = \frac{x_1}{x_2} \times 360^\circ \tag{4.19}$$

若 x_1 为 1.4div,x_2 为 0.5div,则相位差为

$$\Delta\varphi = \frac{1.4\text{div}}{5.0\text{div}} \times 360^\circ = 100.8^\circ \tag{4.20}$$

注意:在采用"交替"显示时,一定要采用相位超前的信号作固定的内触发源,而不是使 X 系统受两个通道的信号轮流触发,否则,会产生相位误差。如被测信号的频率较低,应尽量采用"断续"显示方式,亦可避免产生相位误差。

例 4.8　李沙育图形法测量。

当示波器工作于 X-Y 方式,并从 X 轴和 Y 轴输入正弦波时,可在屏幕上显示李沙育图形,根据图形可测量两信号的频率比和相位差。

(1) 频率比测量

在 X-Y 显示方式时,如果 X 轴和 Y 轴信号电压为零,则荧光屏仅在中心位置显示一个光点,它对应于坐标原点。加上正弦信号后,由于信号每周期内会有两次信号值为零,因此通过水平轴的次数应等于加在 Y 轴信号周期数的两倍,通过垂直轴的次数应等于加在 X 轴信号周期数的两倍。一般地,若水平线和垂直线与李沙育图形的

交点分别为 $n_H=m$，$n_V=n$，则

$$\frac{T_x}{T_y}=\frac{f_y}{f_x}=\frac{n_H}{n_V}=\frac{m}{n} \tag{4.21}$$

例如，在图 4.21 中，在"8"字分别作一条水平线和一条垂直线，可见，通过水平线的次数为 4 次，通过垂直线的次数为 2 次，可得

$$\frac{T_x}{T_y}=\frac{f_y}{f_x}=\frac{4}{2}=2 \tag{4.22}$$

若已知其中一个信号的频率，则可算得另一个信号的频率。

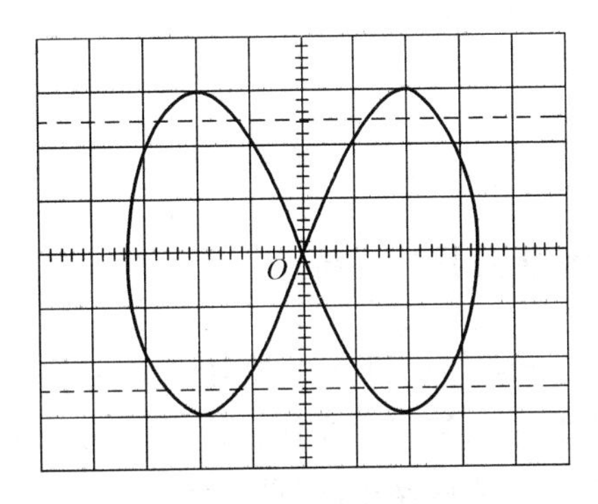

图 4.21　李沙育图形法测频率比

注意：当所作的水平线和垂直线与图形的交点是两条光迹的交点(如图 4.21 中的 O 点)时，应算作相交两次。

当两个信号的周期不成整数倍时，显示的波形不稳定，且会周期性变化。此法准确度较差，一般只用于进行粗测和频率比较。

(2) 相位差测量

将两同频率的正弦信号分别输入示波器的 X 轴和 Y 轴，则可在屏幕上显示一个椭圆，如图 4.22 所示。

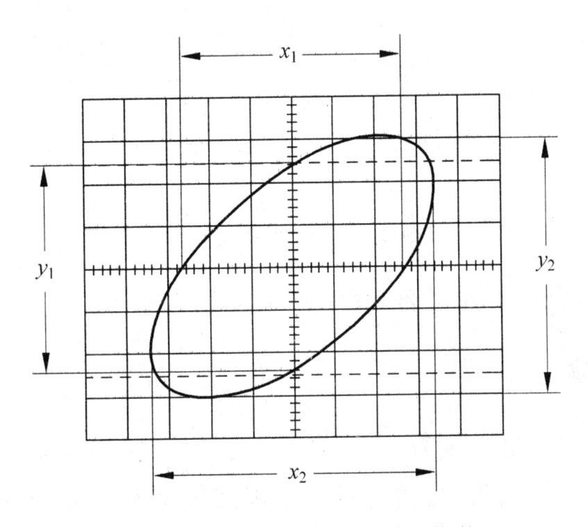

图 4.22　李沙育图形法测相位差

此时,可算得两信号的相位差为

$$\Delta\varphi = \arcsin\frac{x_1}{x_2} = \arcsin\frac{y_1}{y_2} \tag{4.23}$$

此法只能算出相位差的绝对值,而不能决定其符号。

若图 4.22 中 $y_1=4.8\text{div}$,$y_2=6.0\text{div}$,则

$$\Delta\varphi = \arcsin\frac{4.8\text{div}}{6.0\text{div}} = 53° \tag{4.24}$$

五、实操训练

这里以 DS1052E 数字存储示波器为例进行实操训练。

(一) 熟悉示波器的面板及操作界面

使用示波器时,需要对示波器的操作面板有一定的了解。DS1052E 示波器提供简单且功能明晰的前面板来进行基本的操作。面板上包括旋钮和功能按键。显示屏右侧的一列 5 个深蓝色按键为菜单操作键,自上而下定义为 1~5 号。通过它们可以设置当前菜单的不同选项;其他按键为功能键,通过它们可以进入不同的功能菜单或直接获得特定的功能应用。示波器前面板如图 4.23 所示。

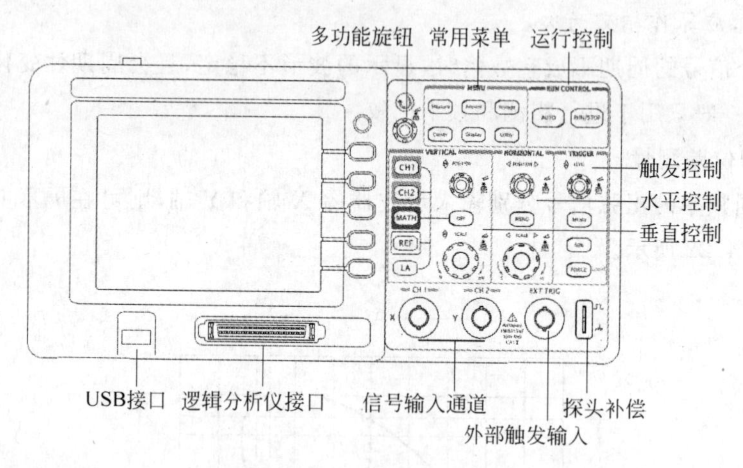

图 4.23　示波器前面板

示波器前面板左侧为显示屏幕,显示界面如图 4.24 所示。

1. 接通仪器电源

接通电源,电线的供电电压为 100~240V 交流电,频率为 45~440Hz。接通电源后,仪器将执行所有自检项目,自检通过后出现开机画面。按 Storage 按键,用菜单操

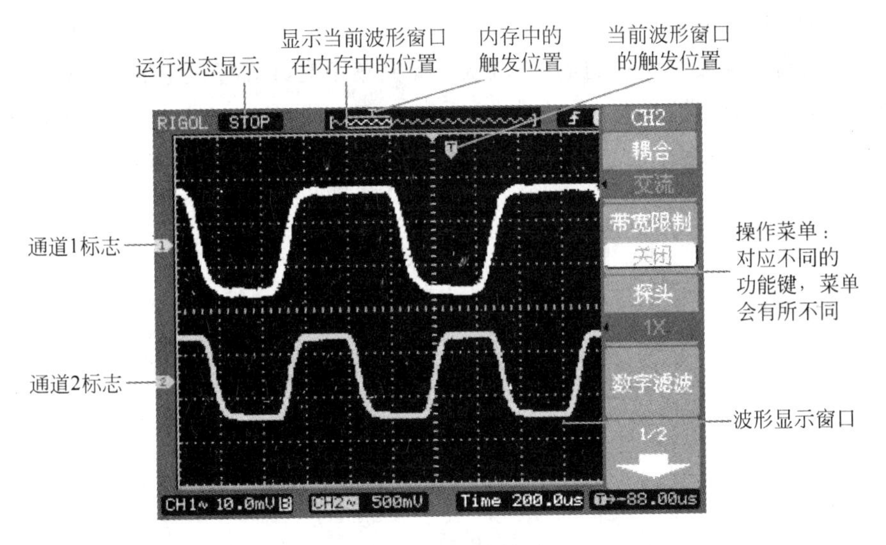

图 4.24　显示界面

作键从顶部菜单框中选择“存储类型”，然后调出“出厂设置”菜单框。电源位置示意图如图 4.25 所示。

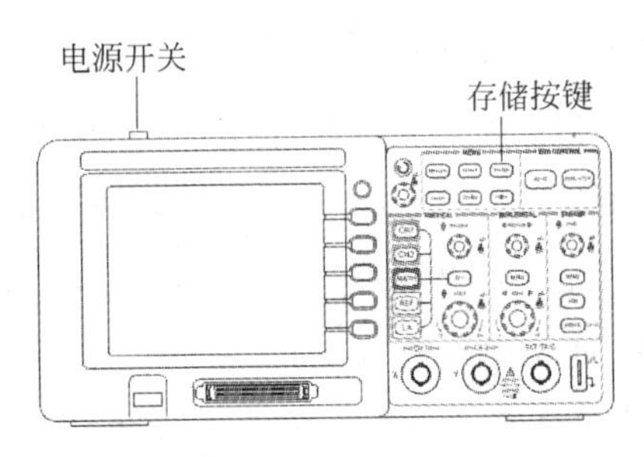

图 4.25　电源位置示意图

2. 示波器接入信号

(1) 用示波器探头将信号接入通道 1(CH1)。将探头连接器上的插槽对准 CH1 同轴电缆插接件(BNC)上的插口并插入，然后向右旋转以拧紧探头，完成探头与通道的连接后，将数字探头上的开关设定为 10X。探头补偿连接如图 4.26 所示。

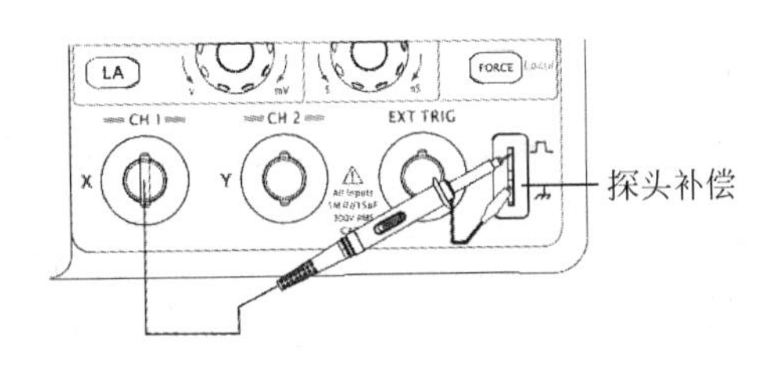

图 4.26　探头补偿连接

(2) 示波器输入探头衰减系数。此衰减系数将改变仪器的垂直挡位比例，以使得测量结果正确反映被测信号的电平(默认的探头菜单衰减系数设定值为1X)。

设置探头衰减系数的方法如下：按CH1功能键显示通道1的操作菜单，应用3号菜单操作键，选择与使用的探头同比例的衰减系数。如图4.27所示，此时设定的衰减系数为10X。

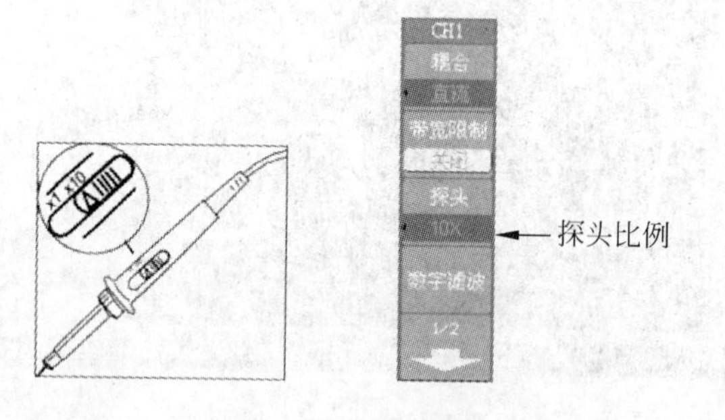

图4.27 设定探头上的系数和菜单中的系数

(3) 把探头端部和接地夹接到探头补偿器的连接器上。按AUTO(自动设置)键，几秒钟后，可见到方波显示。

(4) 以同样的方法检查通道2(CH2)。按OFF功能键或再次按下CH1功能键以关闭通道1，按CH2功能键以打开通道2，重复步骤(2)和步骤(3)。

在首次将探头与任一输入通道连接时，进行此项调节，使探头与输入通道匹配。未经补偿或补偿偏差的探头会导致测量误差或错误。

若调整探头补偿，请按如下步骤进行。

① 将示波器中探头菜单衰减系数设定为10X，将探头上的开关设定为10X，并将示波器探头与通道1连接。如使用钩形探头，应确保探头与通道接触紧密。

将探头端部与探头补偿器的信号输出连接器相连，基准导线夹与探头补偿器的地线连接器相连，打开通道1，然后按下AUTO键。

② 检查所显示波形的形状。

③ 如有必要，用非金属质地的改锥调整探头上的可变电容，直到屏幕显示的波形如图4.28“补偿正确”。

④ 必要时，重复以上步骤。

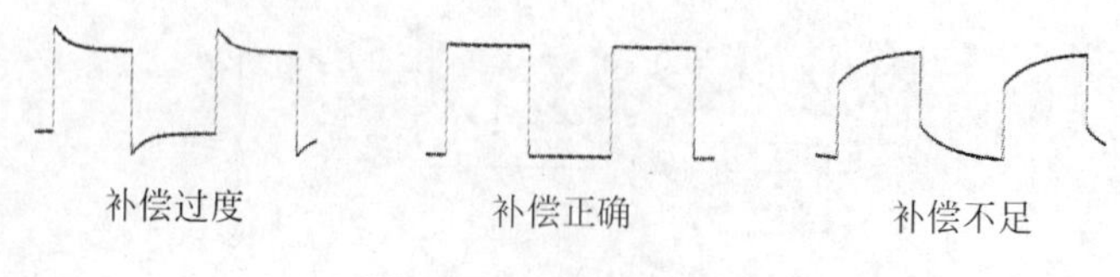

图4.28 探头补偿调节

DS1052E 数字示波器具有自动设置的功能。根据输入的信号，可自动调整电压倍率、时基以及触发方式，使波形显示达到最佳状态。

自动设置要求被测信号的频率大于或等于 50Hz，占空比大于 1%。

使用自动设置时：将被测信号连接到信号输入通道；按下 AUTO 键，示波器将自动设置垂直、水平和触发控制。如需要，可手动调整使波形显示达到最佳。

3. 自校正

自校正程序可迅速地使示波器达到最佳状态，以取得最精确的测量值。你可在任何时候执行这个程序，但如果环境温度变化范围达到或超过 5℃，必须执行这个程序。若要进行自校准，应将所有探头或导线与输入连接器断开。然后，按 Utility 自校正，进入如图 4.29 所示界面。按下 RUN/STOP 键，开始执行自校正操作，按下 AUTO 键，将退出自校正界面。

注意：运行自校正程序以前，请确认示波器已预热或运行达 30min 以上。

4. 系统信息

欲查询设备型号、主机序列号、系统软件版本或系统已安装模块等信息，可通过系统信息功能实现。选择 Utility 系统信息，进入如图 4.30 所示界面。按下 RUN/STOP 键将退出系统信息界面。

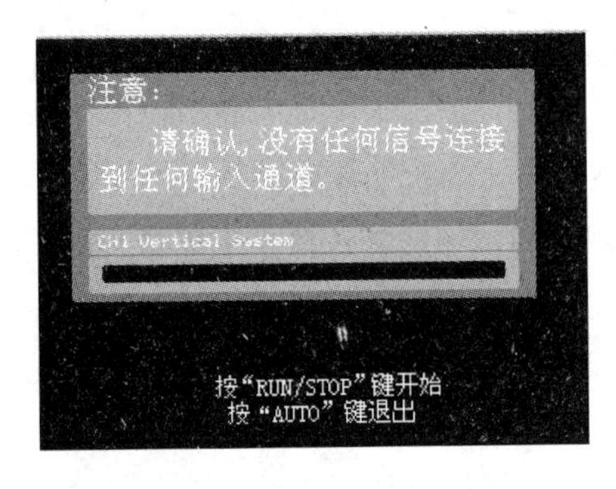

图 4.29　自校正界面

图 4.30　系统信息界面

（二）示波器三大系统的测量

示波器三大系统的测量包括垂直系统的测量方法、水平系统的测量方法、触发系统的测量方法。

如图 4.31 所示，在垂直控制区（VERTICAL）有一系列的按键、旋钮；在水平控制区（HORIZONTAL）有一个按键、两个旋钮。下面熟悉垂直设置和水平设置的使用。

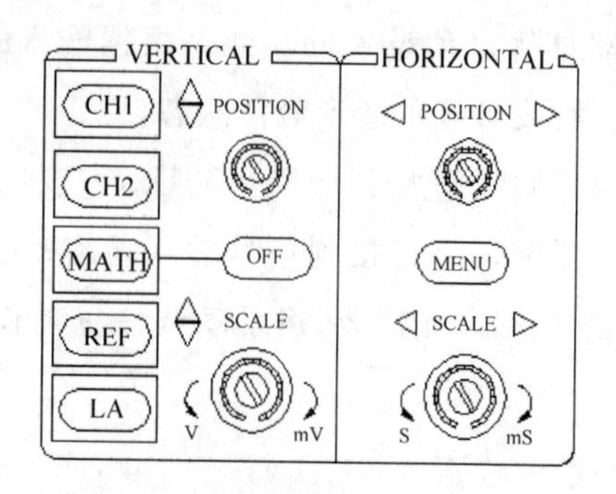

图 4.31　垂直设置及水平设置

(1) 使用垂直位置旋钮,控制信号的垂直显示位置。

当转动垂直位置旋钮时,指示通道地(GROUND)的标识跟随波形而上下移动。

垂直位置恢复到零点快捷键

旋动垂直旋钮不但可以改变通道的垂直显示位置,还可以通过按下该旋钮作为设置通道垂直显示位置恢复到零点的快捷键。

(2) 使用垂直尺度旋钮,改变垂直挡位设置,观察状态信息变化。

可以通过波形窗口下方状态栏显示的信息,确定任何垂直挡位的变化。转动垂直旋钮改变 Volt/div(伏/格)垂直挡位,可以发现状态栏对应通道的挡位显示发生了相应的变化。

按 OFF 键关闭当前选择的通道。

粗调/微调快捷键

可通过按下垂直尺度旋钮作为设置输入通道的粗调/微调状态的快捷键,调节该旋钮即可粗调/微调垂直挡位。

(3) 使用水平位置旋钮时,调整信号在波形窗口的水平位置。

当转动水平旋钮调节触发位移时,可以观察到波形随旋钮而水平移动。

触发点位移恢复到水平零点快捷键

水平旋钮不但可以通过转动调整信号在波形窗口的水平位置,更可以按下该键使触发位移(或延迟扫描位移)恢复到水平零点处。

(4) 使用水平尺度旋钮,改变水平挡位设置,观察状态信息变化。

转动水平旋钮改变 s/div(秒/格)水平挡位,可以发现状态栏对应通道的挡位显示发生了相应的变化。水平扫描速度从 2ns～50s,以 1—2—5 的形式步进。

Delayed(延迟扫描)快捷键

水平旋钮不但可以通过转动调整“s/div(秒/格)”,更可以按下此按钮切换到延迟扫描状态。

(5) 按 MENU 按键,显示 TIME 菜单。

在此菜单下,可以开启/关闭延迟扫描或切换 Y-T、X-Y 和 ROLL 模式,还可以将水平触发位移复位。

触发位移

指实际触发点相对于存储器中点的位置。转动水平旋钮，可水平移动触发点。

如图 4.32 所示，在触发控制区（TRIGGER）有一个旋钮、三个按键。

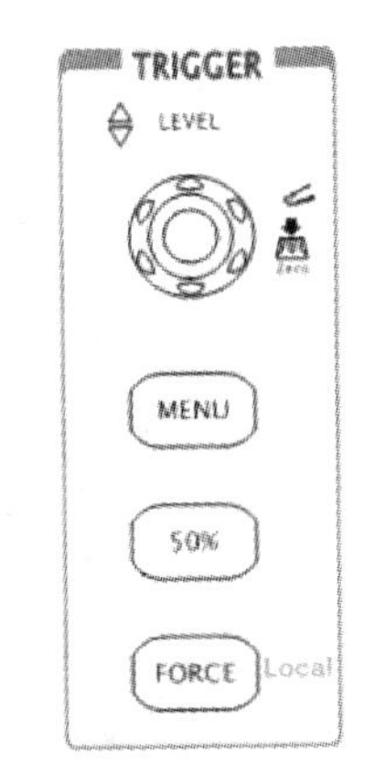

图 4.32　触发设置

① 使用旋钮改变触发电平设置。

转动旋钮，可以发现屏幕上出现一条橘红色的触发线以及触发标志，随旋钮转动而上下移动。停止转动旋钮，此触发线和触发标志会在约 5s 后消失。在移动触发线的同时，可以观察到在屏幕上触发电平的数值发生了变化。

触发电平恢复到零点快捷键

旋动垂直旋钮不但可以改变触发电平值，还可以通过按下该旋钮作为设置触发电平恢复到零点的快捷键。

③ 使用 MENU 调出触发操作菜单，改变触发的设置，观察由此造成的状态变化。触发设置菜单如图 4.33 所示。

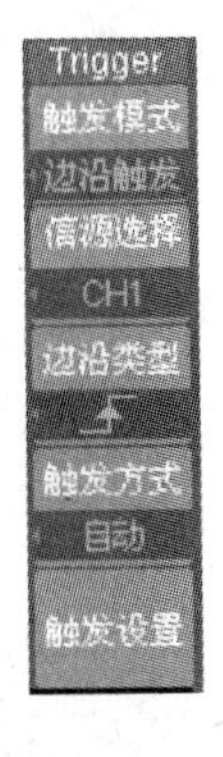

- 按1号菜单操作按键，选择 边沿触发
- 按2号菜单操作按键，选择“信源选择”为 CH1
- 按3号菜单操作按键，设置“边沿类型”为
- 按4号菜单操作按键，设置“触发方式”为 自动
- 按5号菜单操作按键，进入“触发方式”二级菜单，对触发的耦合方式，触发灵敏度和触发释抑时间进行设置。

图 4.33　触发设置菜单

注意：改变前三项的设置会导致屏幕右上角状态栏的变化。

④ 按 50%按键，设定触发电平在触发信号幅值的垂直中点。

⑤ 按 FORCE 按键：强制产生一个触发信号，主要应用于触发方式中的“普通”和“单次”模式。

（三）垂直系统的通道设置

垂直系统的通道设置包括系统的通道耦合设置、系统的带宽限制设置、系统的通道探头设置、系统的数字滤波设置、系统的挡位调节设置、系统的反相设置。

DS1052E 提供双通道输入，每个通道都有独立的垂直菜单，每个项目都按不同的通道单独设置。按 CH1 或 CH2 功能键,系统将显示 CH1 或 CH2 通道的操作菜单。

按 CH1 或 CH2 功能键,系统将显示 CH1 或 CH2 通道的操作菜单,说明见图 4.34 和图 4.35。

功能菜单	设定	说明
耦合	直流 交流 接地	通过输入信号的交流和直流成分 阻挡输入信号的直流成分 断开输入信号
带宽限制	打开 关闭	限制带宽至20MHz，以减少显示噪音 满带宽
探头	1X 5X 10X 50X 100X 500X 1000X	根据探头衰减因数选取相应数值，确保垂直标尺读数准确
数字滤波		设置数字滤波
(下一页)	1/2	进入下一页菜单(以下均同，不再说明)

图 4.34 通道菜单(1)

(上一页)	2/2	返回上一页菜单
挡位调节	粗调 微调	粗调按1—2—5进制设定垂直灵敏度； 微调是指在粗调设置范围之内以更小的增量改变垂直挡位
反相	打开 关闭	打开波形反向功能 波形正常显示

图 4.35 通道菜单(2)

1. 设置通道耦合

以 CH1 通道为例,被测信号是一含有直流偏置的正弦信号。按 CH1→耦合→交流设置为交流耦合方式,被测信号含有的直流分量被阻隔,波形显示如图 4.36 所示。

按 CH1→耦合→直流设置为直流耦合方式,被测信号含有的直流分量和交流分量都可以通过,波形显示如图 4.37 所示。

按 CH1→耦合→接地设置为接地方式,信号含有的直流分量和交流分量都被阻隔,波形显示如图 4.38 所示。

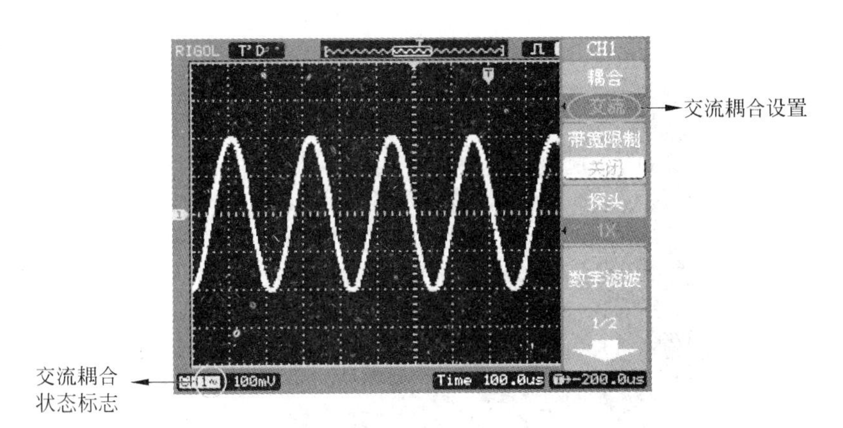

图 4.36　交流耦合设置

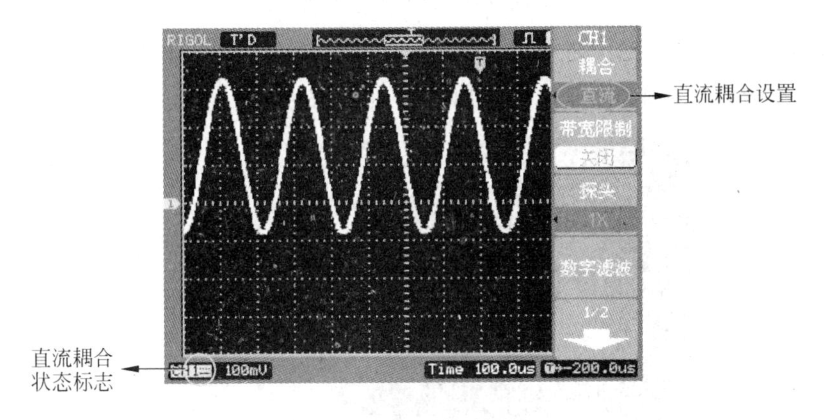

图 4.37　直流耦合设置

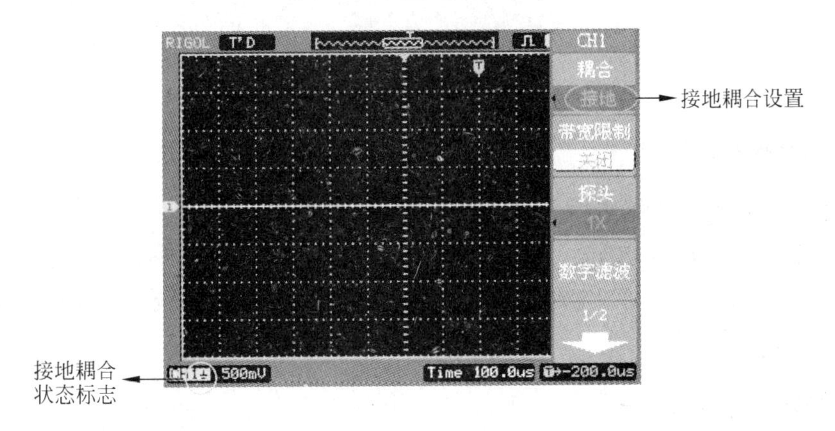

图 4.38　接地耦合

2. 设置通道带宽限制

以 CH1 通道为例，被测信号是一含有高频振荡的脉冲信号。按 CH1→带宽限制→关闭设置带宽限制为关闭状态，被测信号含有的高频分量可以通过，波形显示如

图 4.39 所示。

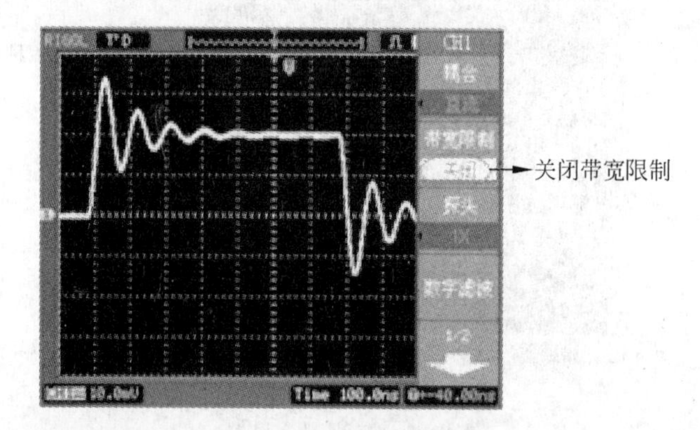

图 4.39　关闭带宽限制

按 CH1→带宽限制→打开设置带宽限制为打开状态，被测信号含有的大于 20MHz 的高频分量被阻隔，波形显示如图 4.40 所示。

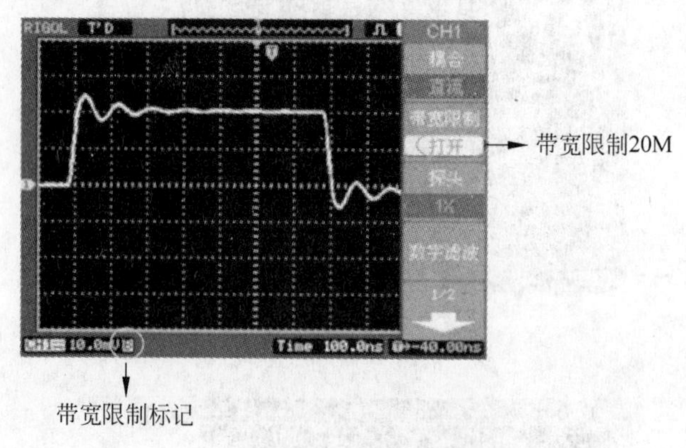

图 4.40　打开带宽限制

3. 调节探头比例

为了配合探头的衰减系数，需要在通道操作菜单中调整相应的探头衰减比例系数。如探头衰减系数为 10∶1，则示波器输入通道的比例也应设置成 10X，以避免显示的挡位信息和测量的数据发生错误。如图 4.41 所示为应用 1000∶1 探头时的设置及垂直挡位的显示。

4. 数字滤波设置

DS1052E 提供 4 种实用的数字滤波器，分别为低通滤波器、高通滤波器、带通滤波器和带阻滤波器。通过设定带宽范围，能够滤除信号中特定的波段频率，从而达到很好的滤波效果。

按“CH1 数字滤波”，系统将显示 FILTER 数字滤波功能菜单，转动多功能旋钮选择数字滤波类型和频率上限、下限值，设置合适的带宽范围，如图 4.42 所示。

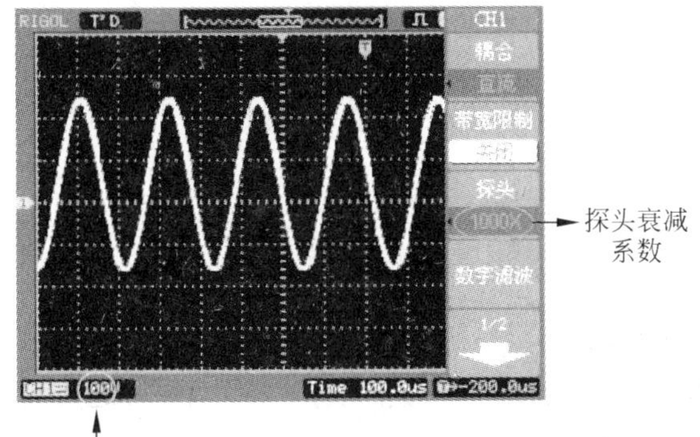

探头衰减系数	对应菜单设置
1∶1	1X
5∶1	5X
10∶1	10X
50∶1	50X
100∶1	100X
500∶1	500X
1000∶1	1000X

图 4.41　设置探头衰减系数

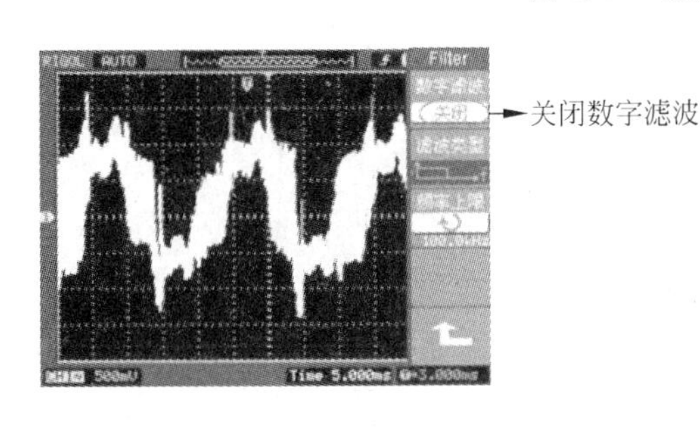

(a) 数字滤波关闭

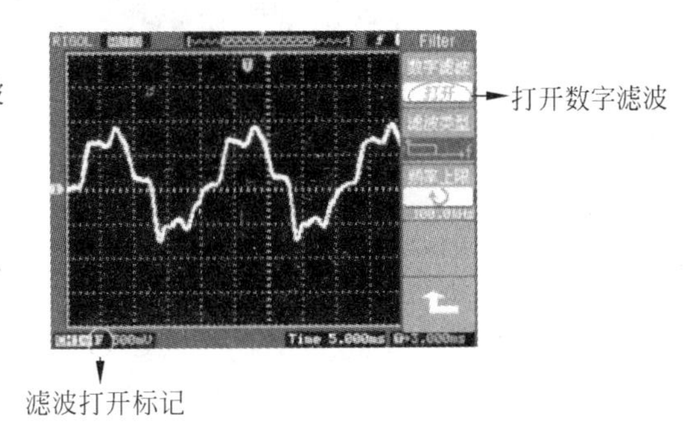

(b) 数字滤波打开

功能菜单	设定	说明
数字滤波	关闭 打开	关闭数字滤波器 打开数字滤波器
滤波类型	f f f f	设置滤波器为低通滤波 设置滤波器为高通滤波 设置滤波器为带通滤波 设置滤波器为带阻滤波
频率上限	<上限频率>	多功能旋钮（↻）设置频率上限
频率下限	<下限频率>	多功能旋钮（↻）设置频率下限
↰		返回上一级菜单(以下均同，不再说明)

图 4.42　数字滤波设置

5．档位调节设置

垂直挡位调节分为粗调和微调两种模式。垂直灵敏度的范围是 2mV/div～10V/div（探头比例设置为 1X）。

粗调是以 1—2—5 步进序列调整垂直档位，即以 2mV/div，5mV/div，10mV/div，20mV/div，…，10V/div 方式步进。微调是指在粗调设置范围之内以更小的增量进一步调整垂直挡位。如果输入的波形幅度在当前挡位略大于满刻度,而应用下一挡位波形显示幅度稍低,则可以应用微调改善波形显示幅度,以利于观察信号细节,如图 4.43 所示。

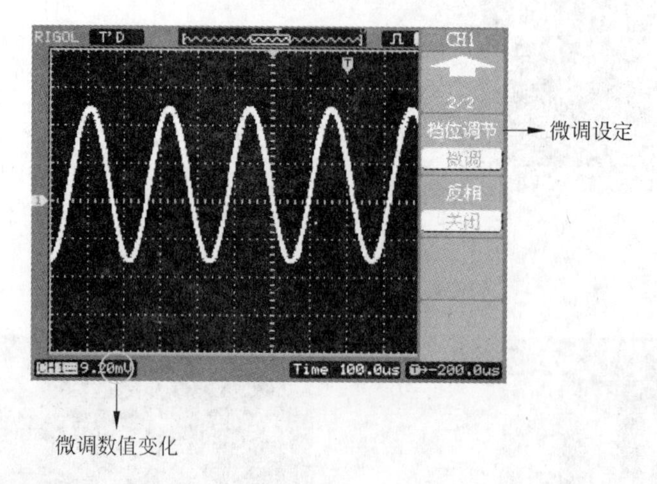

图 4.43 挡位调节示意图

操作技巧

切换粗调/微调不但可以通过此菜单操作,也可以通过按下垂直旋钮作为设置输入通道的粗调/微调状态的快捷键。

6. 波形反相的设置

波形反相设置,可将信号相对地电位翻转 180℃后再显示,如图 4.44 和图 4.45 所示。

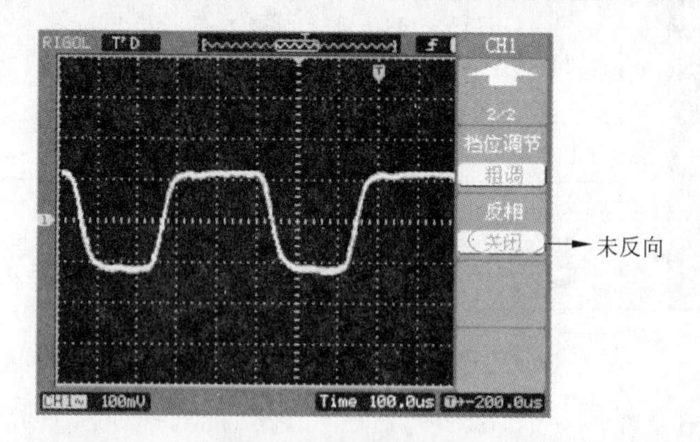

图 4.44 未反相的波形

(四) 垂直系统的数学运算

数学运算(MATH)功能可显示 CH1、CH2 通道波形相加、相减、相乘以及 FFT

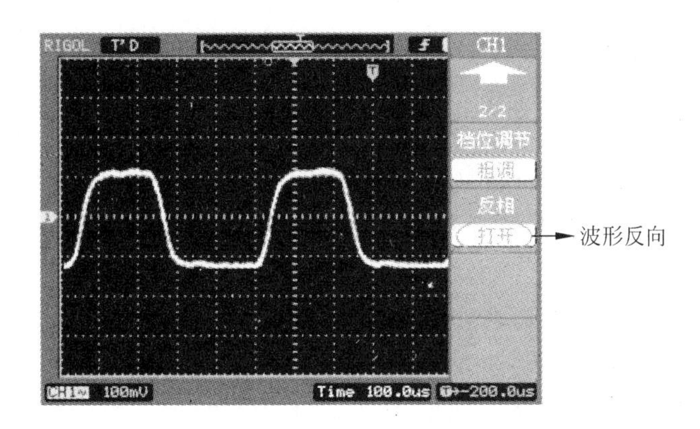

图 4.45　反相的波形

运算的结果。数学运算的结果可通过栅格或游标进行测量。

按 MATH 功能键，系统将进入数学运算界面，如图 4.46 所示。数学运算菜单如图 4.47 所示。

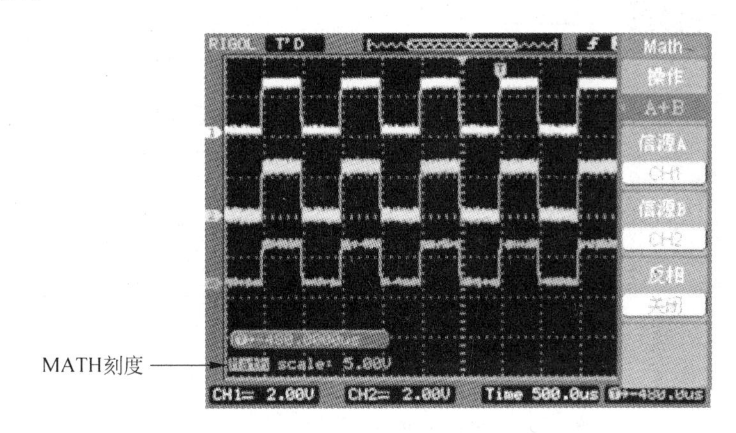

图 4.46　数学运算界面

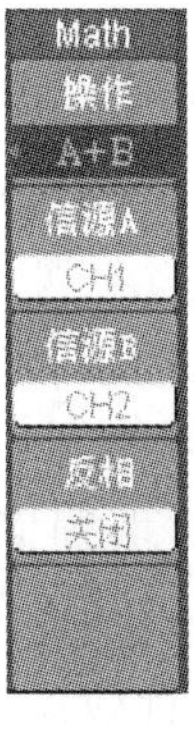

功能菜单	设定	说明
操作	$A+B$ $A-B$ $A\times B$ FFT	信源A波形与信源B波形相加； 信源A波形减去信源B波形； 信源A波形与信源B波形相乘； FFT数学运算
信源A	CH1 CH2	设定信源A为CH1通道波形； 设定信源A为CH2通道波形
信源B	CH1 CH2	设定信源B为CH1通道波形； 设定信源B为CH2通道波形
反相	打开 关闭	打开波形反相功能； 关闭波形反相功能

图 4.47　数学运算菜单

1. FFT 频谱分析

使用 FFT(快速傅立叶变换)数学运算可将 *Y-T* 方式下的时域信号转换成频域信号,其中,水平轴代表频率,垂直轴代表 dBVrms 或 Vrms。使用 FFT 函数可以发现串扰问题和由于放大器非线性造成的模拟波形失真问题,也可用于调节模拟滤波器。

该运算可观察的信号类型有如下几种。

- 测量系统中谐波含量和失真;
- 表现直流电源中的噪声特性。

FFT 频谱分析菜单如图 4.48 所示。

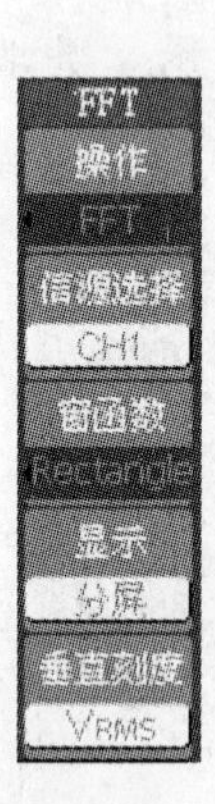

功能菜单	设定	说明
操作	*A*+*B* *A*–*B* *A*×*B* FFT	信源*A*波形与信源*B*波形相加; 信源*A*波形减去信源*B*波形; 信源*A*波形与信源*B*波形相乘; FFT数学运算
信源选择	CH1 CH2	设定CH1为运算波形; 设定CH2为运算波形
窗函数	Rectangle Hanning Hamming Blackman	设定Rectangle窗函数; 设定Hanning窗函数; 设定Hamming窗函数; 设定Blackman窗函数
显示	分屏 全屏	半屏显示FFT波形; 全屏显示FFT波形
垂直刻度	Vrms dBVrms	设定以Vrms为垂直刻度单位; 设定以dBVrms为垂直刻度单位

图 4.48　FFT 频谱分析菜单

FFT 操作技巧

具有直流成分或偏差的信号会导致 FFT 波形成分的错误或偏差。为减少直流成分,可以选择交流耦合方式。

如果在一个大的动态范围内显示 FFT 波形,建议使用 dBVrms 垂直刻度,dB 刻度应用对数方式显示垂直幅度大小。

2. 选择 FFT 窗口

在假设 *Y-T* 波形是不断重复的条件下,示波器对有限长度的时间记录并进行 FFT 变换。这样当周期为整数时,*Y-T* 波形在开始和结束处波形的幅值相同,波形就不会产生中断。但是,如果 *Y-T* 波形的周期为非整数,就会引起波形开始和结束处的波形幅值不同,从而使连接处产生高频瞬态中断。在频域中,这种效应称为泄漏。因此为避免泄漏的产生,需要在原波形上乘以一个窗函数,强制开始和结束处的值为 0。FFT 窗口菜单如表 4.4 所示。

表 4.4　FFT 窗口菜单

FFT 窗	特　　点	最合适的测量内容
Rectangle	具有最好的频率分辨率、最差的幅度分辨率。与不加窗的状况基本类似	暂态或短脉冲，信号电平在此前后大致相等；频率非常相近的等幅正弦波；具有变化比较缓慢波谱的宽带随机噪声
Hanning	与矩形窗比，具有较好的频率分辨率、较差的幅度分辨率	正弦、周期、窄带随机噪声
Hamming	Hamming 窗的频率分辨率稍好于 Hanning 窗	暂态或短脉冲，信号电平在此前后相差很大
Blackman	最好的幅度分辨，最差的频率分辨率	主要用于单频信号，寻找更高次谐波

名词解释

FFT 分辨率：定义为采样率与运算点的商。在运算点数固定时，采样率越低 FFT 分辨率就越高。

奈奎斯特频率：对最高频率量为 F 的波形，必须使用至少 $2F$ 的采样率才能重建原波形。它也被称为奈奎斯特判则，这里 F 是奈奎斯特频率，而 $2F$ 是奈奎斯特率。

（五）设置水平系统

水平系统设置可改变仪器的水平刻度、主时基或延迟扫描(Delayed)时基；调整触发在内存中的水平位置及通道波形(包括数学运算)的水平位置；也可显示仪器的采样率。

按水平系统的 MENU 功能键，系统将显示水平系统的操作菜单，如图 4.49 所示。

功能菜单	设定	说明
延迟扫描	打开 关闭	进入Delayed波形延迟扫描； 关闭延迟扫描
时基	Y—T X—Y Roll	Y—T方式显示垂直电压与水平时间的相对关系； Y—T方式在水平轴上显示通道1幅值，在垂直轴上显示通道2幅值； Roll方式下示波器从屏幕右侧到左侧滚动更新波形采样点
采样率		显示系统采样率
触发位移 复位		调整触发位置至中心零点

图 4.49　水平系统菜单

在水平系统设置过程中，各参数的当前状态在屏幕中会被标记出来，方便观察和判断，如图 4.50 所示。

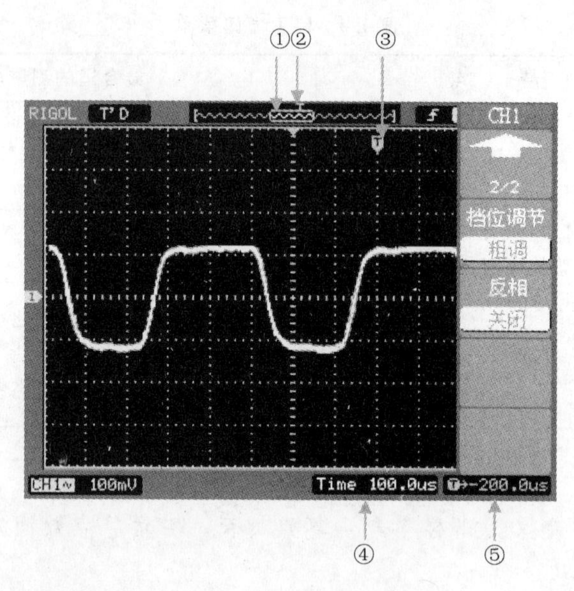

图 4.50　参数状态

注：

① 表示当前的波形视窗在内存中的位置；

② 表示触发点在内存中的位置；

③ 表示触发点在当前波形视窗中的位置；

④ 水平时基(主时基)显示，即秒/格(s/div)；

⑤ 触发位置相对于视窗中点的水平时间。

名词解释

滚动方式：当仪器进入滚动模式时，波形自右向左滚动刷新显示。在滚动模式中，波形水平位移和触发控制不起作用。一旦设置滚动模式，时基控制设定必须在500ms/div或更慢时基下工作。

秒/格(s/div)：水平刻度(时基)单位。如波形采样被停止(使用RUN/STOP按键)，时基控制可扩张或压缩波形。

1. 延迟扫描

延迟扫描用来放大一段波形，以便查看图像细节。选择水平系统的MENU→延迟扫描，如图4.51所示。

延迟扫描操作进行时，屏幕将分为上下两个显示区域，其中：

上半部分显示的是原波形。未被半透明蓝色覆盖的区域是期望被水平扩展的波形部分。此区域可以通过转动水平位置旋钮左右移动，或转动水平尺度旋钮扩大和减小选择区域。

下半部分是选定的原波形区域经过水平扩展后的波形。值得注意的是，延迟时基相

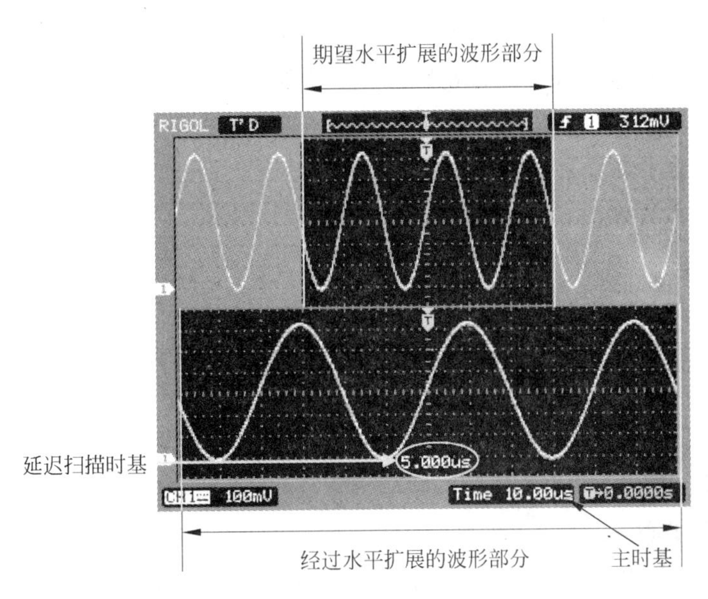

图 4.51　延迟扫描示意图

对于主时基提高了分辨率。由于整个下半部分显示的波形对应于上半部分选定的区域，因此转动水平旋钮减小选择区域可以提高延迟时基，即可提高波形的水平扩展倍数。

操作技巧

进入延迟扫描不但可以通过水平区域的 MENU 菜单操作，也可以直接按下此区域的水平尺度旋钮作为延迟扫描快捷键，切换到延迟扫描状态。

2. X-Y 方式

此方式只适用于通道 1 和通道 2 同时被选择的情况下。选择 *X*-*Y* 显示方式以后，水平轴上显示通道 1 电压，垂直轴上显示通道 2 电压。

选择水平系统的 MENU→时基→*X*-*Y*，如图 4.52 所示。

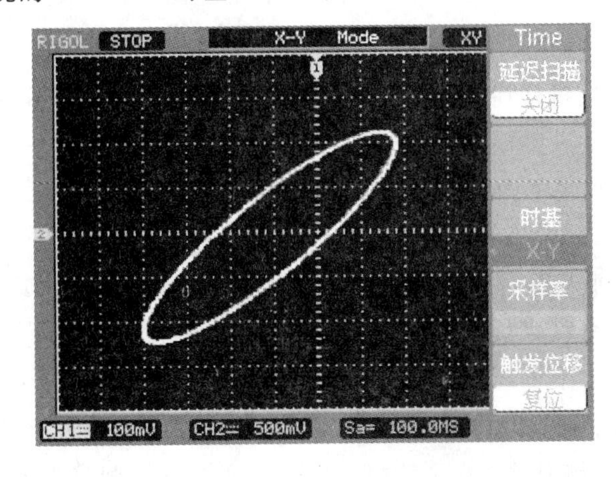

图 4.52　*X*-*Y* 图

注意：示波器在正常 Y-T 方式下可应用任意采样速率捕获波形。在 X-Y 方式下同样可以调整采样率和通道的垂直挡位。X-Y 方式默认的采样率是 100MSPS。一般情况下，将采样率适当降低，可以得到较好显示效果的李沙育图形。以下功能在 X-Y 显示方式中不起作用：自动测量模式、光标测量模式、参考或数学运算波形、延迟扫描、水平旋钮、触发控制。

3. 水平控制旋钮的应用

使用水平控制钮可改变水平刻度(时基)，触发在内存中的水平位置(触发位移)。屏幕水平方向上的中点是波形的时间参考点。改变水平刻度会导致波形相对屏幕中心扩张或收缩。水平位置改变波形相对于触发点的位置。

水平位置：调整通道波形(包括数学运算)的水平位置。按下此旋钮使触发位置立即回到屏幕中心。

水平尺度：调整主时基或延迟扫描(Delayed)时基，即秒/格(s/div)。当延迟扫描被打开时，将通过改变水平旋钮改变延迟扫描时基而改变窗口宽度。

(六) 光标测量

如图 4.53 所示，在 MENU 控制区中，Cursor 为光标测量功能按键。

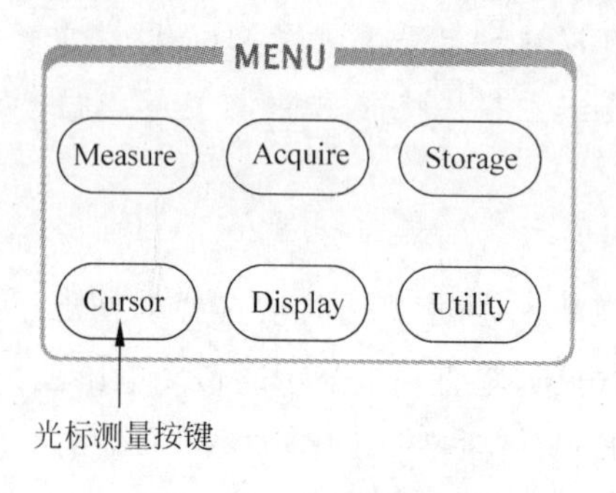

图 4.53　光标功能键

光标模式允许通过移动光标进行测量，使用前请首先将信号源设定成所要测量的波形。光标测量分为 3 种模式。

手动模式：出现水平调整或垂直调整的光标线。通过转动多功能旋钮手动调整光标的位置，示波器同时显示光标点对应的测量值。

追踪模式：水平与垂直光标交叉构成十字光标。十字光标自动定位在波形上，通过转动多功能旋钮可以调整十字光标在波形上的水平位置。示波器同时显示光标点的坐标。

自动测量模式：通过此设定，在自动测量模式下，系统会显示对应的电压或时间光标，以揭示测量的物理意义。系统根据信号的变化自动调整光标位置，并计算相应的参数值。此种方式在未选择任何自动测量参数时无效。

下面介绍手动模式测量光标的方法。

选择 Cursor→光标模式→手动，进入如图 4.54 所示菜单。

功能菜单	设定	说明
光标模式	手动	手动调整光标间距以测量X或Y参数
光标类型	X Y	光标显示为垂直线，测量时间值； 光标显示为水平线，测量电压值
信源选择	CH1 CH2 MATH LA	选择被测信号的输入通道 (LA只适用于DS1000D系列)
CurA		设置光标A有效，调整光标A位置
CurB		设置光标B有效，调整光标B位置

图 4.54　手动光标模式菜单

选择 X 光标类型时，屏幕上将出现一对垂直光标 CurA 和 CurB，可测量对应波形处的时间值及二者之间的时间差值。通过转动多功能旋钮改变光标的位置，将获得相应波形处的时间值及差值，如图 4.55 所示。

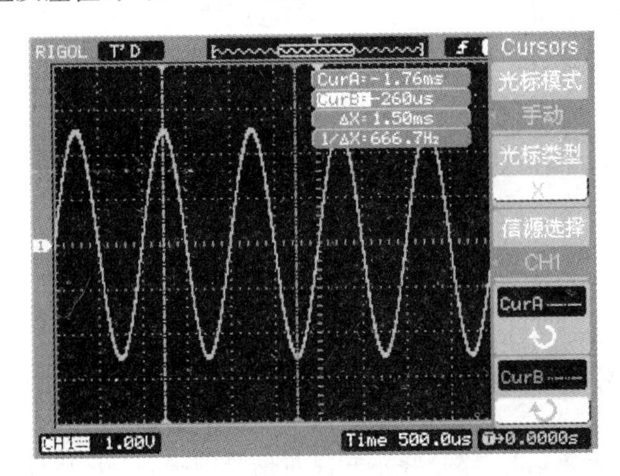

图 4.55　手动模式测量光标示意图

选择 Y 光标类型时，屏幕上将出现一对水平光标 CurA 和 CurB，可测量对应波形处的电压值及二者之间的电压差值。通过转动多功能旋钮改变光标的位置，将获得相应波形处的电压值及差值。

操作步骤如下。

(1) 选择手动测量模式。按键操作顺序为：Cursor→光标模式→手动。

(2) 选择被测信号通道。根据被测信号的输入通道不同，选择 CH1 或 CH2。按键操作顺序为：信源选择→CH1/CH2。

(3) 选择光标类型。根据需要测量的参数分别选择 X 或 Y 光标。按键操作顺序为：光标类型→X 或 Y。

(4) 移动光标以调整光标间的增量。光标操作说明见表 4.5。

表 4.5 光标操作说明

光 标	增 量	操 作
CurA (光标 A)	X Y	转动多功能旋转(↶)使光标 A 左右移动； 转动多功能旋转(↶)使光标 A 上下移动
CurB (光标 B)	X Y	转动多功能旋转(↶)使光标 B 左右移动； 转动多功能旋转(↶)使光标 B 上下移动

注意：只有当前菜单为光标功能菜单时，才能移动光标。

(5) 获得测量数值：

光标 1 位置(时间以触发偏移位置为基准，电压以通道接地点为基准)；

光标 2 位置(时间以触发偏移位置为基准，电压以通道接地点为基准)；

光标 1、2 的水平间距(ΔX)：即光标间的时间值；

光标 1、2 水平间距的倒数($1/\Delta X$)；

光标 1、2 的垂直间距(ΔY)：即光标间的电压值；

注意：当光标功能打开时，测量数值自动显示于屏幕右上角。

名词解释

Y 光标：是进行垂直调整的水平虚线，通常指 Volts 的值。当信源为数学函数时，测量单位与该数学函数相对应。

X 光标：是进行水平调整的垂直虚线，通常指示相对于触发偏移位置的时间。当信源为 FFT 时，X 光标代表频率。

(七) 简单信号测量

观测电路中一未知信号，迅速显示和测量信号的频率和峰-峰值。

(1) 欲迅速显示该信号，请按如下步骤操作。

① 将探头菜单衰减系数设定为 10X，并将探头上的开关设定为 10X。

② 将通道 1 的探头连接到电路被测点。

③ 按下 AUTO 键。

示波器将自动设置使波形显示达到最佳。在此基础上，可以进一步调节垂直、水平挡位，直至波形的显示符合要求。

(2) 进行自动测量。示波器可对大多数显示信号进行自动测量。欲测量信号频率和峰-峰值，请按如下步骤操作。

① 测量峰-峰值

按下 MEASURE 按键以显示“自动测量”菜单；按下 1 号菜单操作键以选择信源 CH1；按下 2 号菜单操作键选择测量类型：电压测量；在“电压测量”弹出菜单中选择测量参数：峰-峰值。此时，可以在屏幕左下角发现峰-峰值的显示。

② 测量频率

按下 3 号菜单操作键选择测量类型：时间测量；在“时间测量”弹出菜单中选择测量参数：频率。此时，可以在屏幕下方发现频率的显示。

注意：测量结果在屏幕上的显示会因为被测信号的变化而改变。

（八）观察正弦波信号通过电路产生的延迟和畸变

与前面相同，设置探头和示波器通道的探头衰减系数为 10X。将示波器 CH1 通道与电路信号输入端相接，CH2 通道则与输出端相接。操作步骤如下。

(1) 显示 CH1 通道和 CH2 通道的信号。

① 按下 AUTO 键。

② 继续调整水平、垂直挡位直至波形显示满足测试要求。

③ 按 CH1 按键选择通道 1，旋转垂直(VERTICAL)区域的垂直(POSITION)旋钮调整通道 1 波形的垂直位置。

④ 按 CH2 按键选择通道 2，如前操作，调整通道 2 波形的垂直位置。使通道 1、2 的波形既不重叠在一起，又利于观察比较。

(2) 测量正弦信号通过电路后产生的延时，并观察波形的变化。

① 自动测量通道延时。按下 MEASURE 按键以显示“自动测量”菜单；按下 1 号菜单操作键以选择信源 CH1；按下 3 号菜单操作键选择“时间测量”；在“时间测量”菜单项选择测量类型：延迟 1 2。

② 观察波形的变化，如图 4.56 所示。

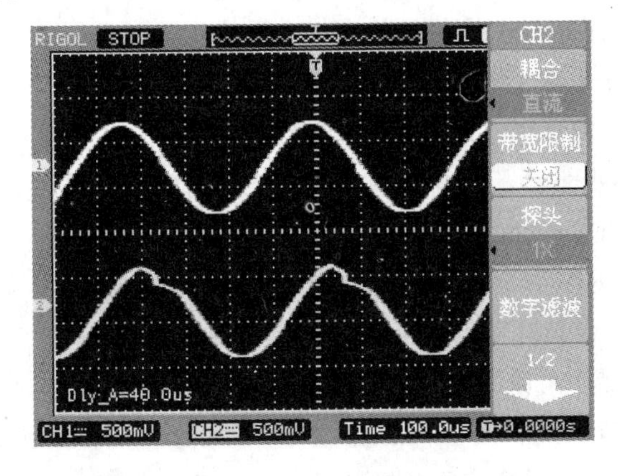

图 4.56　波形变化图

(九) 捕捉单次信号

方便地捕捉脉冲、毛刺等非周期性的信号是数字示波器的优势和特点。若捕捉一个单次信号，首先需要对此信号有一定的先验知识，才能设置触发电平和触发沿。例如，如果脉冲是一个TTL电平的逻辑信号，触发电平应该设置成2V，将触发沿设置成上升沿触发。如果对于信号的情况不确定，可以通过“自动”或“普通”的触发方式先行观察，以确定触发电平和触发沿。操作步骤如下。

(1) 如前面设置探头和CH1通道的衰减系数。

(2) 进行触发设定。

① 按下触发(TRIGGER)控制区域MENU按键，显示“触发设置”菜单。

② 在此菜单下分别应用1～5号菜单操作键设置触发类型为“边沿触发”、边沿类型为“上升沿”、信源选择为CH1、触发方式“单次”、触发设置耦合为“直流”。

③ 调整水平时基和垂直挡位至适合的范围。

④ 旋转触发(TRIGGER)控制区域(LEVEL)旋钮，调整适合的触发电平。

⑤ 按RUN/STOP按键，等待符合触发条件的信号出现。如果有某一信号达到设定的触发电平，即采样一次，显示在屏幕上。

利用此功能可以轻易捕捉到偶然发生的事件，例如幅度较大的突发性毛刺：将触发电平设置到刚刚高于正常信号电平，按RUN/STOP按键开始等待，则当毛刺发生时，机器自动触发并把触发前后一段时间的波形记录下来。通过旋转面板上水平控制区域(HORIZONTAL)的水平(POSITION)旋键，改变触发位置的水平位置可以得到不同长度的负延迟触发，便于观察毛刺发生之前的波形。

(十) 减少信号上的随机噪声

如果被测试的信号上叠加了随机噪声，可以通过调整本示波器的设置，滤除或减小噪声，避免其在测量中对本体信号的干扰。操作步骤如下。

(1) 如前设置探头和CH1通道的衰减系数。

(2) 连接信号使波形在示波器上稳定地显示。

操作参见前面，水平时基和垂直挡位的调整见前面相应描述。

(3) 通过设置触发耦合改善触发。

① 按下触发(TRIGGER)控制区域MENU按键，显示“触发设置”菜单。

② 触发设置“耦合选择”“低频抑制”或“高频抑制”。

低频抑制是设定一高通滤波器，可滤除8kHz以下的低频信号分量，允许高频信号分量通过。高频抑制是设定一低通滤波器，可滤除150kHz以上的高频信号分量(如FM广播信号)，允许低频信号分量通过。通过设置“低频抑制”或“高频抑制”可以分别抑制低频或高频噪声，以得到稳定的触发。

(4) 通过设置采样方式和调整波形亮度减少显示噪声。

① 如果被测信号上叠加了随机噪声，导致波形过粗，可以应用平均采样方式，去除随机噪声的显示，使波形变细，便于观察和测量。取平均值后随机噪声被减小而信号的细节更易观察。

具体的操作是：按面板 MENU 区域的 ACQUIRE 按键，显示“采样设置”菜单。按 1 号菜单操作键设置获取方式为“平均”状态，然后按 2 号菜单操作键调整平均次数，依次由 2～256 以 2 倍数步进，直至波形的显示满足观察和测试要求。

② 减少显示噪声也可以通过减低波形亮度来实现。

注意：使用平均采样方式会使波形显示更新速度变慢，这是正常现象。

六、项目总结

本项目为机器人主体结构的组装与调试，按照项目实施、知识拓展、实操训练、项目总结的顺序展开讲解。

通过本项目的学习，学生应该掌握如下实践技能和重点知识：

(1) 数字存储示波器的工作原理；

(2) 控制电路的连接与调试；

(3) 示波器的正确使用方法。

以项目小组为单位，进行项目总结汇报，制作 PPT，每组派一人进行讲解。

七、阅读材料

(一) 数字示波器的发展及应用现状

1. 数字示波器的发展历史

示波器是一种用途十分广泛的电子测量仪器。它能把肉眼看不见的电信号变换成看得见的图像，便于人们研究各种电现象的变化过程。

(1) 初期主要为模拟示波器。

20 世纪 40 年代是电子示波器兴起的时代，雷达和电视的开发需要性能良好的波形观察工具，泰克成功开发了带宽 10MHz 的示波器，这是近代示波器的基础。

20 世纪 50 年代半导体和电子计算机的问世，促进电子示波器的带宽达到 100MHz。

20 世纪 60 年代美国、日本、英国、法国在电子示波器开发方面各有不同的贡献，出现带宽 6GHz 的取样示波器、1GHz 的存储示波管；便携式、插件式示波器成为系列

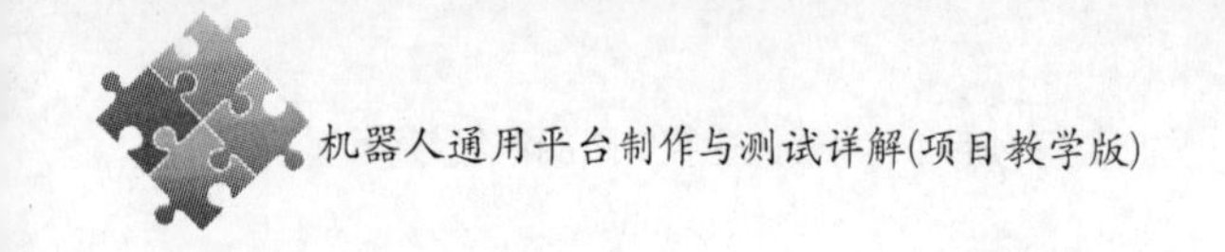

产品。

20世纪70年代模拟式电子示波器达到高峰，带宽1GHz的多功能插件式示波器标志着当时科学技术的高水平，为测试数字电路又增添了逻辑示波器和数字波形记录器。模拟示波器从此没有更大的进展，开始让位于数字示波器。

(2) 中期数字示波器独领风骚。

20世纪80年代数字示波器异军突起，大有全面取代模拟示波器之势，模拟示波器逐渐从前台退到后台。80年代的数字示波器处在转型阶段，还有不少地方需要改进，美国的TEK公司和HP公司都对数字示波器的发展做出了贡献。它们后来停产模拟示波器，只生产性能好的数字示波器。

进入20世纪90年代，数字示波器除了提高带宽到1GHz以上，其性能全面超越模拟示波器。

2. 数字示波器的发展方向

数字示波器首先提高了取样率，从最初取样率等于两倍带宽，提高至5倍甚至10倍，相应对正弦波取样引入的失真降低至3%甚至1%。

其次，提高了数字示波器的更新率，达到与模拟示波器相同的水平，最高可达每秒40万个波形，使观察偶发信号和捕捉毛刺脉冲的能力大为增强。

再次，采用了多处理器加快信号处理能力，从多重菜单的烦琐测量调节参数，改进为简单的旋钮调节，甚至完全自动测量。

最后，数字示波器与模拟示波器一样具有屏幕的余辉方式显示，赋予波形三维状态，即显示出信号的幅值、时间以及幅值在时间上的分布。具有这种功能的数字示波器称为数字荧光示波器或数字余辉示波器，即数/模兼容。

3. 典型示波器

利用示波器能观察各种不同信号的幅度随时间变化的波形曲线，还可以用它来测试各种不同的电量，如电压、电流、频率、相位差、调幅度等。

示波器的种类包括模拟示波器、数字示波器，其中数字示波器又包括数字荧光示波器、数字存储示波器等，下面列出了典型示波器。

(1) 模拟示波器

如图4.57所示为模拟示波器。模拟示波器操作简单，全部操作都在面板上，波形反应及时，数字示波器往往要较长处理时间。模拟垂直分辨率高，连续而且无限级，数字示波器分辨率一般只有8～10位。数据更新快，每秒捕捉几十万波形，数字示波器每秒捕捉几十个波形。数字示波器的带宽与取样率密切相关，取样率不高时需借助内插计算，容易出现混淆波形。

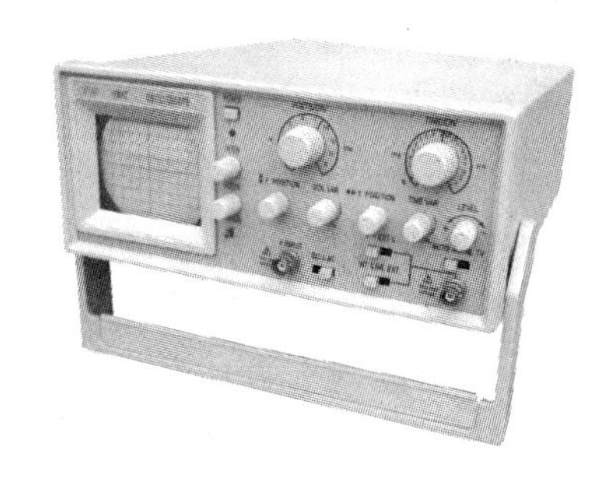

图 4.57　模拟示波器

(2) 数字示波器

如图 4.58 所示为数字示波器。数字示波器是综合数据采集、A/D 转换、软件编程等一系列的技术制造出来的高性能示波器。数字示波器一般支持多级菜单，能提供给用户多种选择和多种分析功能。数字示波器具有波形触发、存储、显示、测量、波形数据分析处理等独特优点，其使用日益普及。

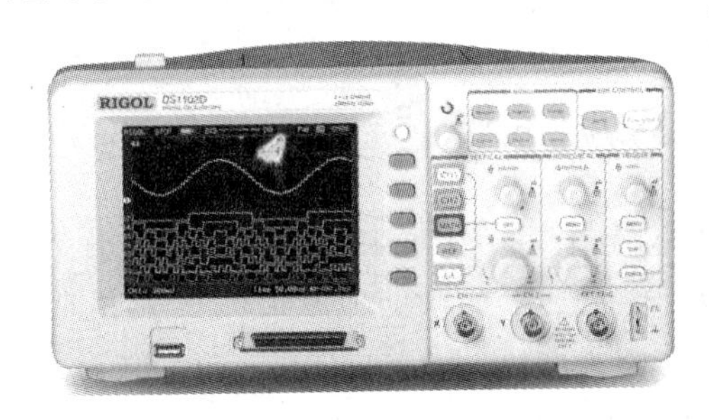

图 4.58　数字示波器

(3) 数字荧光示波器

如图 4.59 所示是数字荧光示波器。数字荧光示波器为示波器系列增加了一种新的类型，能实时显示、存储和分析复杂信号的三维信号信息：幅度、时间和整个时间的幅度分布。利用三维信息(振幅、时间性及多层次辉度，用不同的辉度显示幅度分量出现的频率)充分展现信号的特征，其采用的数字荧光技术，通过多层次辉度或彩色能够显示长时间内信号的变化情况。

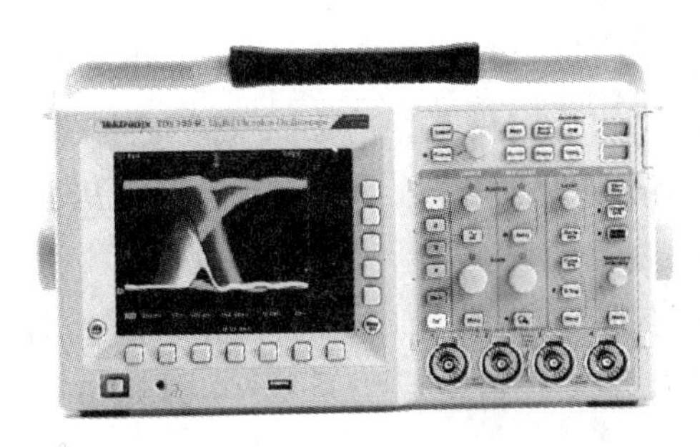

图 4.59　数字荧光示波器

(4) 数字存储示波器

如图 4.60 所示为数字存储示波器。数字存储示波器以数字编码的形式来储存信号。一般具有以下特点：可以显示大量的预触发信息；可以通过使用和不使用光标的方法进行全自动测量；可以长期存储波形；可以将波形传送到计算机进行存储供进一步的分析之用；可以在打印机或绘图仪上制作硬拷贝以供编制文件之用；可以把新采集的波形和操作人员手工或示波器全自动采集的参考波形进行比较；可以按通过/不通过的原则进行判断；波形信息可以用数学方法进行处理。

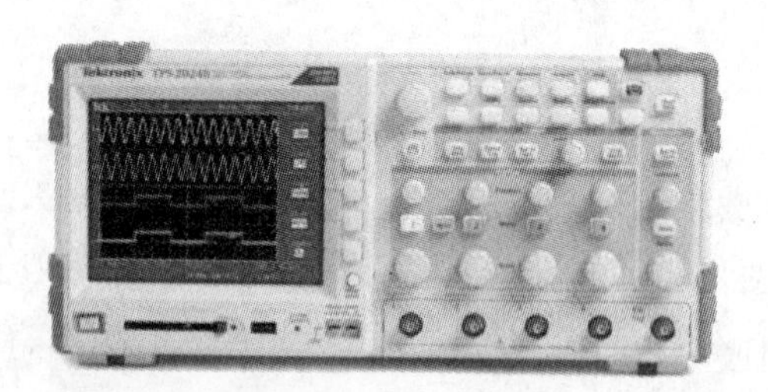

图 4.60　数字存储示波器

（二）单片机的发展及应用现状

单片机是一种集成电路芯片，采用超大规模技术把具有数据处理能力（如算术运算、逻辑运算、数据传送、中断处理）的微处理器（CPU）、随机存取数据存储器（RAM）、只读程序存储器（ROM）、输入/输出电路（I/O 口），可能还包括定时计数器、串行通信口（SCI）、显示驱动电路（LCD 或 LED 驱动电路）、脉宽调制电路（PWM）、模拟多路转换器及 A/D 转换器等电路集成到一块单块芯片上，构成一个小而完善的计算机系统。这些电路能在软件的控制下能准确、迅速、高效地完成程序设计者事先规定的任务。

由此来看，单片机有着微处理器所不具备的功能，它可单独地完成现代工业控制所要求的智能化控制功能，这是单片机最大的特征。

然而单片机又不同于单板机，芯片在没有开发前，它只是具备功能极强的超大规模集成电路，如果赋予它特定的程序，它便是一个最小的、完整的微型计算机控制系统，它与单板机或个人电脑（PC）有着本质的区别，单片机的应用属于芯片级应用，需要用户了解单片机芯片的结构和指令系统以及其他集成电路应用技术和系统设计所需要的理论和技术，用特定的芯片设计应用程序，从而使该芯片具备特定的功能。

不同的单片机有着不同的硬件特征和软件特征，即它们的技术特征均不尽相同，要利用某型号单片机开发自己的应用系统，掌握其结构特征和技术特征是必需的。

表 4.2 单片微型计算机的硬件特征及软件特征表

硬件特征	硬件特征取决于单片机芯片的内部结构，用户要使用某种单片机，必须了解该型产品是否满足需要的功能和应用系统所要求的特性指标。这里的技术特征包括功能特性、控制特性和电气特性等等，这些信息需要从生产厂商的技术手册中得到。
软件特征	软件特征是指指令系统特性和开发支持环境，指令特性即我们熟悉的单片机的寻址方式，数据处理和逻辑处理方式，输入输出特性及对电源的要求等等。开发支持的环境包括指令的兼容及可移植性，支持软件(包含可支持开发应用程序的软件资源)及硬件资源。

单片机控制系统能够取代以前利用复杂电子线路或数字电路构成的控制系统，可以通过软件控制来实现，并能够实现智能化，现在单片机控制范畴无所不在，例如通信产品、家用电器、智能仪器仪表、过程控制和专用控制装置等，单片机的应用领域越来越广泛。

单片机的应用意义远不限于它的应用范畴或由此带来的经济效益，更重要的是它已从根本上改变了传统的控制方法和设计思想，是控制技术的一次革命，是一座重要的里程碑。

从 1946 年第一台电子计算机诞生至今，依靠微电子技术和半导体技术的进步，从电子管—晶体管—集成电路—大规模集成电路，现在一块芯片上完全可以集成几百万甚至上千万只晶体管，使得计算机体积更小，功能更强。近年来，计算机技术获得飞速的发展，计算机在工农业、科研、教育、国防和航空航天领域获得了广泛的应用，计算机技术已经是一个国家现代科技水平的重要标志。

单片机诞生于 20 世纪 70 年代。所谓单片机，是利用大规模集成电路技术把中央处理单元(Center Processing Unit，CPU)和数据存储器(RAM)、程序存储器(ROM)及其他 I/O 通信口集成在一块芯片上，构成一个最小的计算机系统，而现代的单片机则加上了中断单元、定时单元及 A/D 转换等更复杂、更完善的电路，使得单片机的功能越来越强大，应用更广泛。

1976 年 Intel 公司推出了 MCS-48 单片机，这个时期的单片机才是真正的 8 位单片微型计算机，并推向市场。它以体积小、功能全、价格低赢得了广泛的应用，为单片机的发展奠定了基础，成为单片机发展史上重要的里程碑。

20 世纪 80 年代，世界各大公司竞相研制品种多、功能强的单片机，约有几十个系列、300 多个品种，大多集成了 CPU、RAM、ROM 和数目繁多的 I/O 接口及多种中断系统，还有一些带 A/D 转换器的单片机，功能越来越强大，RAM 和 ROM 的容量也越来越大，寻址空间可达 64KB。可以说，单片机发展到了一个全新阶段，应用领域更广泛，许多家用电器均走向利用单片机控制的智能化发展道路。如 Intel 公司的 MCS-51 系列、Motorola 公司的 6801 和 6802 系列、Rokwell 公司的 6501 及 6502 系列等，此外，日本的著名电气公司 NEC 和 Hitachi 都相继开发了具有自己特色的专用单片机。

1982年以后,16位单片机问世,代表产品是Intel公司的MCS-96系列,16位单片机比起8位机数据宽度增加了一倍,实时处理能力更强,主频更高,集成度达到了12万只晶体管,RAM增加到232字节,ROM则达到了8KB,并且有8个中断源,同时配置了多路A/D转换通道、高速的I/O处理单元,适用于更复杂的控制系统。

20世纪90年代以后,单片机获得了飞速的发展,世界各大半导体公司相继开发了功能更为强大的单片机。美国Microchip公司发布了一种完全不兼容MCS-51的新一代的PIC系列单片机,引起了业界的广泛关注,特别是它的产品只有33条精简指令集,吸引了不少用户,使人们从Intel的111条复杂指令集中解放出来。PIC单片机得到了快速的发展,在业界中占有一席之地。

目前单片机的发展正在经历SoC阶段,SoC嵌入系统是因发展需要而产生的,此阶段单片机的发展相对独立,从总体性能上来看,最大程度地满足了现代电子科技产品的需要。随着经济和科学技术的飞速发展,SoC单片机的应用系统也有了快速发展。

八、巩固练习

1. 制作一个机器人控制电路系统,写出元件清单,并画出电路图。
2. 简述如何用示波器测量方波。
3. 简述示波器的发展。
4. 示波器的种类有哪些?

子项目5 机器人转向电路的组装与调试

一、项目目标

- 理解舵机输出轴转角与输入信号之间的关系；
- 学会利用信号发生器产生驱动信号；
- 会进行舵机正反向转动的控制。

二、项目结构

本项目以舵机电路为核心，设计并制作转向电路，对相关元器件进行测试，具体实施过程如图5.1所示。

三、项目实施

（一）元器件清单

元器件清单如表5.1所示。

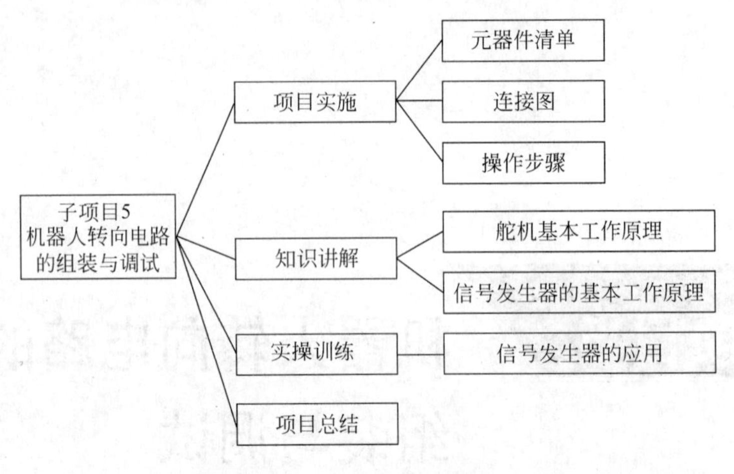

图 5.1　项目具体过程图

表 5.1　元器件清单表

元器件名称	型号	数量
舵机	MG996R/MG995	1
信号发生器	CA1646	1
示波器	DS1052E	1

（二）连接图

机器人转向电路连接如图 5.2 所示。

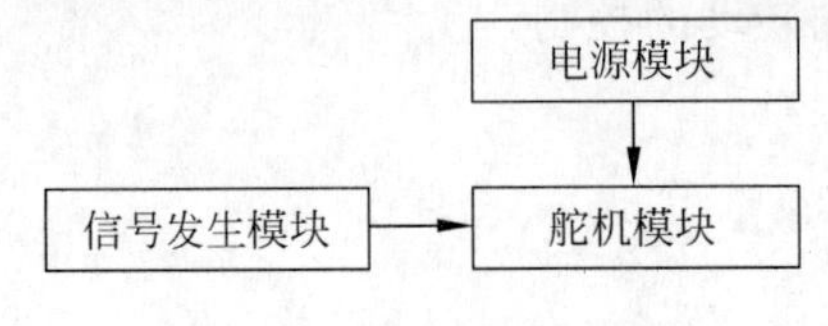

图 5.2　转向电路连接图

（三）操作步骤

完成转向电路的制作，主要包括如下步骤。

(1) 观察舵机的基本结构，明确三根线的作用，将舵机的红、棕、橘黄色线分别与 V_{CC}、GND、信号发生器的输出端相连接。舵机外观示意图如图 5.3 所示。

(2) 调节信号发生器输出信号的幅值和频率，幅值为 1V，频率为 1kHz，实现舵机转一定角度，记录转动角度数值，填写入表 5.2 第 1 行。

(3) 调节信号发生器输出信号的幅值和频率，幅值为 5V，频率为 1kHz，实现舵机转一定角度，记录转动角度数值，填写入表 5.2 第 2 行。

图 5.3　舵机外观示意图

(4) 调节信号发生器输出信号的幅值和频率，幅值为 5V，频率为 0.5kHz，实现舵机转一定角度，记录转动角度数值，填写入表 5.2 第 3 行。

(5) 调节信号发生器输出信号的幅值和频率，幅值为 5V，频率为 2kHz，实现舵机转一定角度，记录转动角度数值，填写入表 5.2 第 4 行。

(6) 调节信号发生器输出信号的幅值和频率，幅值为 5V，频率为 1kHz，实现舵机转一定角度，记录转动角度数值，填写入表 5.2 第 5 行。

表 5.2　信号与转角对照表

序号	幅值/V	频率/kHz	转角/°
1	1	1	
2	5	1	
3	5	0.5	
4	5	2	
5	5	0.75	

四、知识拓展

(一) 舵机的基本工作原理

在机器人控制系统中，舵机控制效果是重要影响因素。舵机可以在机电系统和航模中作为基本的输出执行机构，其简单的控制和输出使得单片机系统非常容易与之接口。

舵机是一种位置伺服的驱动器，适用于需要角度不断变化并可以保持的控制系统。目前在高档遥控玩具，如航模(包括飞机模型、潜艇模型、遥控机器人)中已经使用得比较普遍。舵机是一种俗称，其实是一种伺服马达。

舵机内部有一个基准电路，可产生周期为 20ms、宽度为 1.5ms 的基准信号，将获得的直流偏置电压与电位器的电压比较，得到电压差输出。电压差的正负输出到电机驱动芯片决定电机的正反转。当电机转速一定时，通过级联减速齿轮带动电位器旋转，使得电压差为0，电机停止转动。

我们不必了解舵机的具体工作原理，知道它的控制原理就够了。就像我们使用晶体管一样，知道可以拿它来做开关管或放大管就行了，至于管内的电子具体怎么流动，是可以不用去考虑的。

舵机的控制一般需要一个20ms左右的时基脉冲，该脉冲的高电平部分一般为0.5～2.5ms范围内的角度控制脉冲部分。以180°角度伺服为例，那么对应的控制关系如表5.3所示。

表5.3　脉冲宽度与角度对照表

序号	脉冲宽度/ms	角度/°
1	0.5	0
2	1.0	45
3	1.5	90
4	2.0	135
5	2.5	180

表5.3只是一种参考数值，具体的参数需要查看说明书。

小型舵机的工作电压一般为4.8V或6V，转速也不是很快，所以更改角度控制脉冲的宽度太快时，舵机可能反应不过来。

要精确地控制舵机，其实没有那么容易，很多舵机的位置等级有1024个，那么，如果舵机的有效角度范围为180°的话，其控制的角度精度是可以达到180°/1024约0.18°了，从时间上看其实要求的脉宽控制精度为2000/1024，约2μs。

如果一个舵机连控制精度为1°都达不到，而且还看到舵机在发抖的话，在这种情况下，只要舵机的电压没有抖动，那么抖动的就是控制脉冲了。

使用传统单片机控制舵机的方案有很多，多是利用定时器和中断的方式来完成控制的，这样的方式控制一个舵机还是相当有效的。

（二）信号发生器的基本工作原理

1. 方波产生电路

矩形波产生电路是一种能够直接产生矩形波的非正弦信号发生电路。由于矩形波包含丰富的谐波，因此这种电路又被称为多谐振荡器。由运放构成的矩形波产生电路如图5.4所示。

图5.4中，参数R_1、R_2、R_3、R_4、R_W可根据具体应用情况调整，而振荡频率取决于R、C的大小，频率计算公式为$f=\frac{1}{1.39RC}$。

由晶振和运放组成的矩形波产生器如图5.5所示。

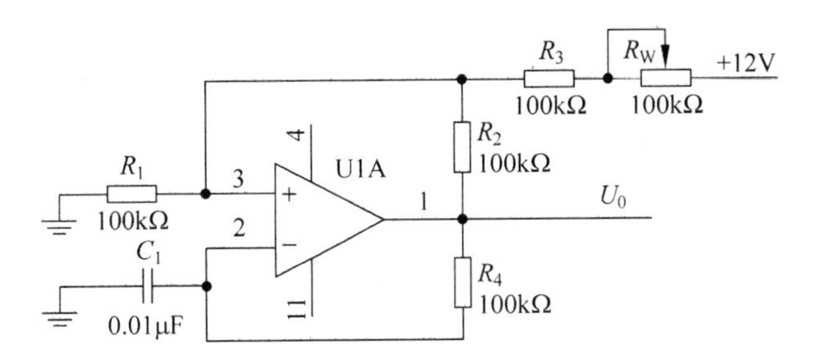

图 5.4　由运放构成的矩形波产生电路

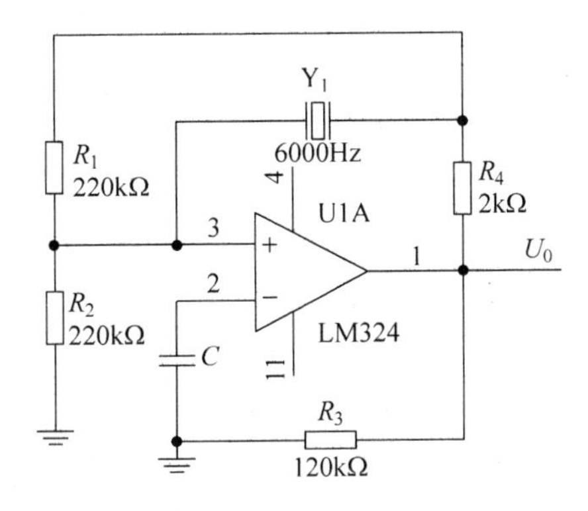

图 5.5　由晶振和运放构成的矩形波产生电路

图 5.5 中，输出信号频率决定于晶振的频率，其中电阻 $R_4=2\text{k}\Omega$，用作运算放大器输出级集电极开路的负载。

2. 三角波产生电路

三角波产生电路如图 5.6 所示。

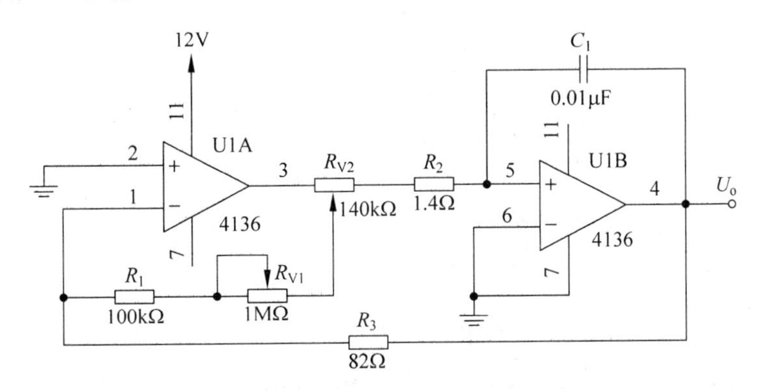

图 5.6　三角波产生电路

图 5.5 中，运放采用 4136，U1A 是一个门限检测器，U1B 是一个积分器，R_{v1} 用于幅度调节，R_{v2} 控制 C_1 的充电电流，进行频率调节。

3. 多种信号发生器

多种信号发生器电路简单、成本低廉、调整方便，电路如图 5.7 所示。

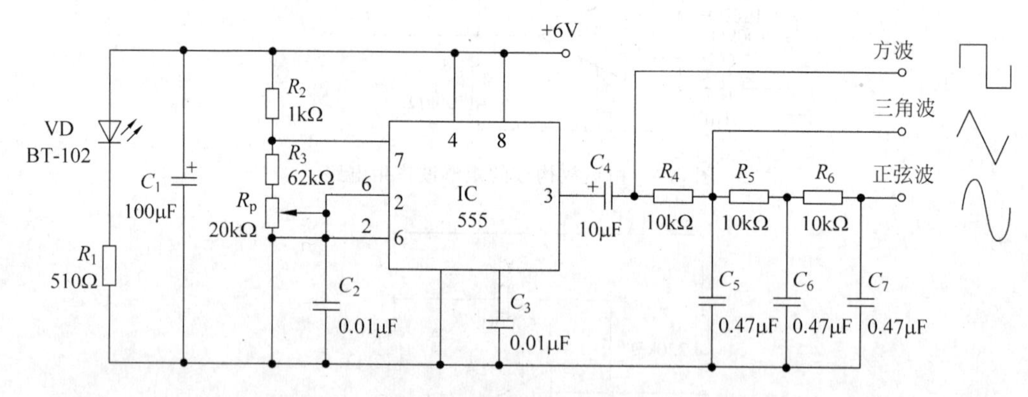

图 5.7　多种信号产生电路

555 定时器接成多谐振荡器工作形式，C_2 为定时电容，C_2 的充电回路是 $R_2 \to R_3 \to R_p \to C_2$；$C_2$ 的放电回路是 $C_2 \to R_p \to R_3 \to I_C$ 的 7 脚(放电管)。由于 $R_3R_p \gg R_2$，所以充电时间常数与放电时间常数近似相等，由 555 的 3 脚输出近似对称方波。

按图 5.7 所示元件参数，其频率为 1kHz 左右，调节电位器 R_p 可改变振荡器的频率。方波信号经 R_4、C_5 积分网络后，输出三角波。三角波再经 R_5、C_6 积分网络，输出近似的正弦波。C_1 是电源滤波电容，发光二极管 VD 用作电源指示。

函数发生电路如图 5.8 所示。

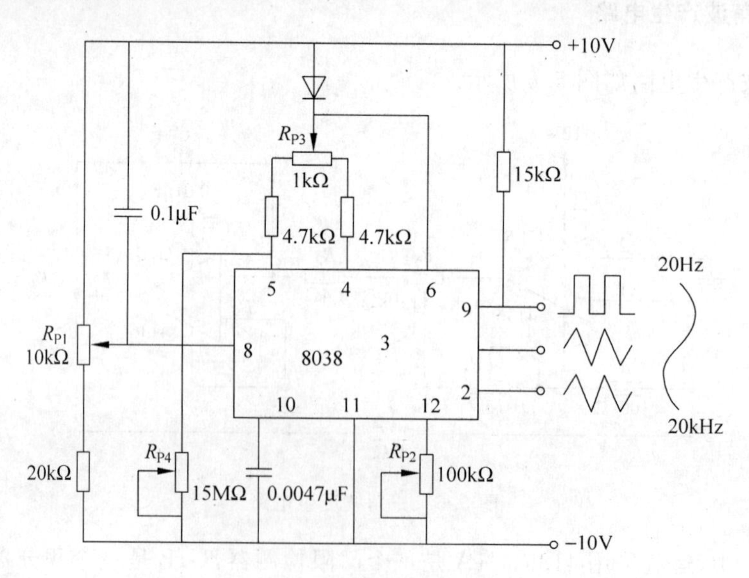

图 5.8　函数发生电路

图 5.8 中，由 8038 构成函数发生电路。采用集成电路芯片 8038 构成的函数发生器可同时获得方波、三角波和正弦波。三角波通过电容恒流放电直接形成；方波由控制信号获得；正弦波由三角波通过折线近似电路获得。通过这种方式获得的正弦波不是平滑曲线，其失真率为 1%左右，可满足一般用途的需要。电路中的电位器 R_{p1} 用于调整频率，调整范围为 20Hz～20kHz；R_{p2} 用于调整波形的失真率；R_{p3} 用于调整波形的占空比。

交流电压的大小可用其峰值、平均值、有效值来表征，而各表征值之间的关系可用波形因数、波峰因数来表示。

(1) 峰值

峰值是交变电压 $u(t)$ 在所观察的时间内或一个周期内偏离零电平的最大值，记为 U_p，正、负峰值不等时分别用 U_{p+} 和 U_{p-} 表示，如图 5.9 所示。

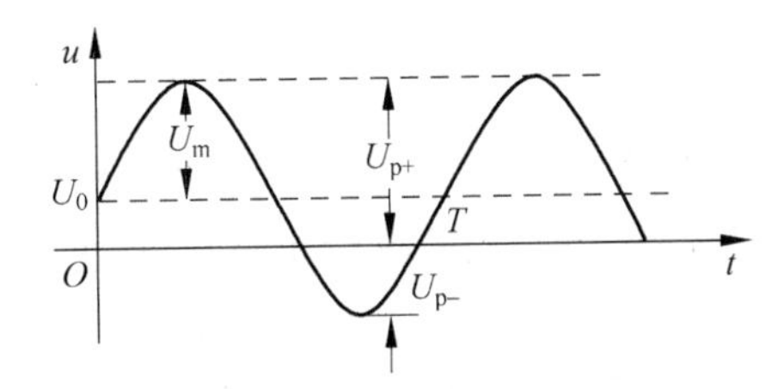

图 5.9 交流电压的峰值与幅值

$u(t)$ 在一个周期内偏离直流分量(平均值)U_0 的最大值称为振幅值，记为 U_m，如图 5.9 所示。若正、负幅值不等时分别用 U_{m+}、U_{m-} 表示。

峰值是以零为参考电平计算的，振幅值则以直流分量为参考电平计算。对于正弦交流信号而言，当不含直流分量时，其振幅值等于峰值，且正、负峰值相等。

(2) 平均值

$u(t)$ 平均值 $\overline{U}$ 的数学定义为

$$\overline{U} = \frac{1}{T}\int_0^T u(t)\,\mathrm{d}t \tag{5.1}$$

$\overline{U}$ 对周期性信号而言，积分时间通常取该信号的一个周期。当 $u(t)$ 为纯交流电压时，$\overline{U}=0$；当 $u(t)$ 包含直流分量 U_0 时，$\overline{U}=U_0$，如图 5.9 中虚线所示。这样，平均值将无法表征交流(分量)电压的大小。在电子测量中，通常所说的交流电压平均值是指经过检波后的平均值。根据检波器的种类不同，又可分为半波平均值和全波平均值。

① 全波平均值

交流电压经全波检波后的平均值称为全波平均值，用 $\overline{U}$ 表示为

$$\overline{U} = \frac{1}{T}\int_0^T u(t)\,\mathrm{d}t \tag{5.2}$$

② 半波平均值

交流电压经半波检波后，剩下半个周期，正半周在一个周期内的平均值称为正半波平均值，用$\overline{U}_{+\frac{1}{2}}$表示；负半周在一个周期内的平均值称为负半波平均值，用$\overline{U}_{-\frac{1}{2}}$表示

$$\overline{U}_{+\frac{1}{2}}=\frac{1}{T}\int_{0}^{T}u(t)\,\mathrm{d}t,\quad u(t)\geqslant 0 \tag{5.3}$$

$$\overline{U}_{-\frac{1}{2}}=\frac{1}{T}\int_{0}^{T}|u(t)|\,\mathrm{d}t,\quad u(t)<0 \tag{5.4}$$

对于纯交流电压，有$\overline{U}_{+\frac{1}{2}}=\overline{U}_{-\frac{1}{2}}=\frac{1}{2}\overline{U}$。

(3) 有效值

有效值又称均方根值，其数学定义为

$$U=\sqrt{\frac{1}{T}\int_{0}^{T}u^{2}(t)\,\mathrm{d}t} \tag{5.5}$$

有效值的物理意义是：交流电压$u(t)$在一个周期内施加于一纯电阻负载上所产生的热量与直流电压在同样情况下产生的热量相等时，这个直流电压值就是交流电压有效值。

作为表征交流电压的一个参量，有效值比峰值、平均值应用更为普遍。通常所说的交流电压的量值就是指它的有效值。

(4) 波形因数和波峰因数

为了表征同一信号的峰值、有效值及平均值的关系，引入了波形因数及波峰因数。

波峰因数定义为交流电压的峰值与有效值之比，即

$$K_{\mathrm{p}}=\frac{U_{\mathrm{P}}}{U} \tag{5.6}$$

波形因数K_{F}定义为交流电压有效值与平均值之比，即

$$K_{\mathrm{F}}=\frac{U}{\overline{U}} \tag{5.7}$$

表5.4列出了几种常见电压波形的参数。

表5.4 几种常见电压波形的参数

名称	峰值	波形	U	$\overline{U}$	K_{i}	K_{P}
正弦波	A	O	$\frac{A}{\sqrt{2}}$	$0.673A$	1.11	$\sqrt{2}=1.414$
全波整流正弦波	A	O	$\frac{A}{\sqrt{2}}$	$0.673A$	1.11	$\sqrt{2}=1.414$

续表

名称	峰值	波形	U	$\bar{U}$	K_i	K_P
三角波	A		$\frac{A}{\sqrt{3}}$	$\frac{A}{2}$	1.15	$\sqrt{3}=1.732$
方波	A		A	A	1	1
脉冲	A		$\sqrt{\frac{\tau}{T}}A$	$\frac{\tau}{T}A$	$\sqrt{\frac{T}{\tau}}$	$\sqrt{\frac{T}{\tau}}$

4. 交流电压的测量方法

模拟式交流电压表根据其内部所使用的检波器不同，可分为平均值电压表、有效值电压表和峰值电压表三种。

(1) 均值电压表

均值电压表使用均值检波器检波，其输出直流电压正比于输入交流电压的平均值。常用的均值检波电路如图 5.10 所示。其中图 5.10(a)为由四个检波特性相同的二极管组成的桥式电路，图 5.10(b)中使用了两只电阻代替两只二极管，称为半桥式电路。

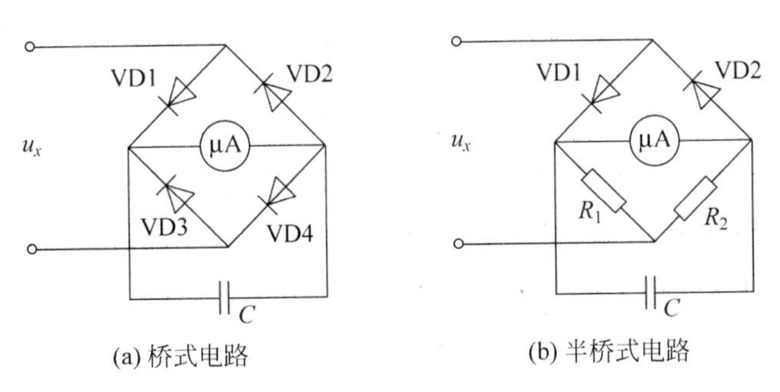

图 5.10　平均值检波器电路

均值检波器输出平均电流 $\bar{I}$ 正比于输入电压平均值，而与波形无关。由于电流表头动圈偏转的惯性，其指针将指示 $\bar{I}$ 的值。为了使指针稳定，在表头两端跨接滤波电容，滤去检波器输出电流中的交流分量。

均值检波器的输入阻抗可以等效为一个电阻和一个电容相并联。输入阻抗的电容部分主要取决于元器件及检波器的结构，一般可以小到 1～3pF，其输入电阻较低，约为 1～3kΩ。因此，通常在均值检波器前加入放大器等高输入阻抗电路构成放大-检波式电压表。

(2) 有效值电压表

有效值电压表内部所使用的检波电路为有效值检波器,其输出直流电压正比于输入交流电压的有效值。目前常用逼近式有效值检波器。

① 分段逼近式有效值检波器

有效值的定义为$U=\sqrt{\frac{1}{T}\int_0^T u^2(t)\mathrm{d}t}$,这要求有效值检波器应具有平方律关系的伏安特性。二极管正向特性曲线的起始部分和平方律特性比较接近,可实现平方律检波,但这种方案动态范围较窄,只能测量较小的输入电压。如采用分段逼近法,则可得到动态范围较大的平方律特性曲线。如图 4.11(a)所示,一条理想的平方律曲线可用若干条不同斜率的线段来逼近,并要求随输入电压增大,线段斜率也要增加,即电路的负载电阻应随之减小。图 5.11(b)所示电路就是实现折线平方律特性的一种方案。

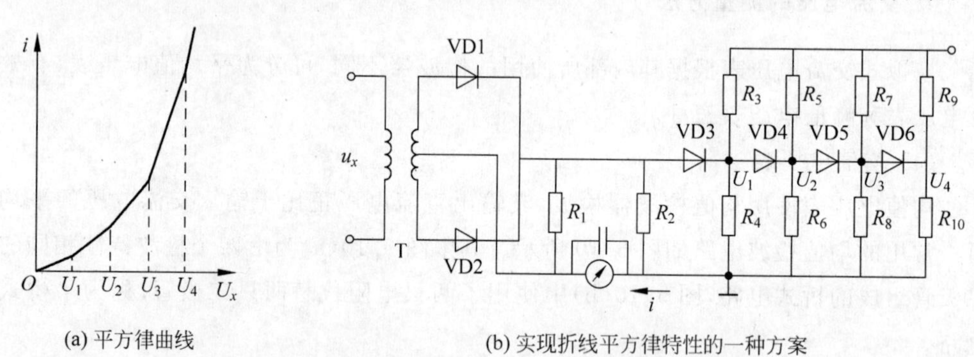

(a) 平方律曲线

(b) 实现折线平方律特性的一种方案

图 5.11 分段逼近式平方律检波电路

该电路由两部分组成:左边是由变压器 T 和二极管 VD1、VD2 构成的检波电路,右边是由 $R_2 \sim R_{10}$、VD3～VD6 构成的可变电阻网络,它与 R_1 并联后,作为检波电路的负载。由于电源电压 U 为 VD3～VD6 提供的反向偏置电压依次升高,即 $U_1 < U_2 < U_3 < U_4$,所以随着输入电压 $u_x(t)$的增大,起开关作用的二极管 VD3～VD6 逐次导通,从而控制 $R_3 /\!/ R_4$、$R_5 /\!/ R_6$、$R_7 /\!/ R_8$、$R_9 /\!/ R_{10}$ 等电阻依此接入电路,使检波器负载电阻逐渐变小,于是便形成由折线逼近的一条平方律曲线。二极管越多,曲线越光滑。

(3) 峰值电压表

峰值电压表使用的检波器为峰值检波器,其输出直流电压正比于其输入的交流电压的峰值。常用的峰值检波电路如图 5.12 所示,其中图 5.12(a)为串联式峰值检波器原理电路,图 5.12(b)为并联式峰值检波器原理电路。

图 5.12 中元件参数必须满足

$$R_\mathrm{D}C \ll T_{\min}, \quad RC \gg T_{\max} \tag{5.8}$$

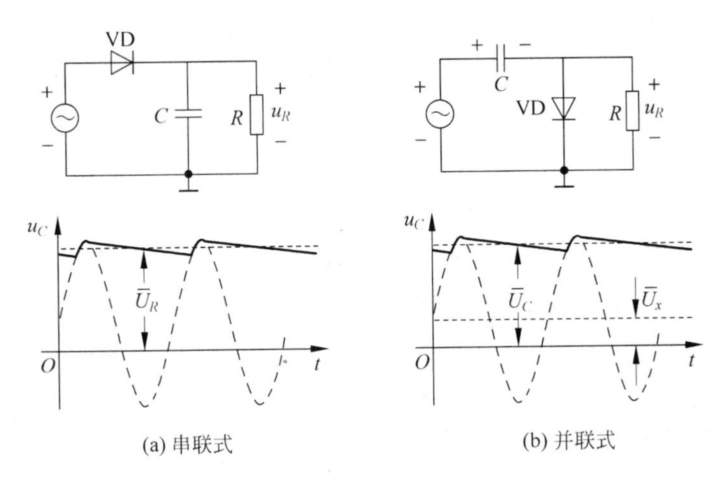

图 5.12　峰值检波电路及其工作波形(稳态时)

式(5.8)中，T_{min}，T_{max}分别表示被测信号的最小周期和最大周期；R_D 为二极管正向导通电阻，包括被测电压的等效信号源内阻。

这样的电路参数使检波器输出电压平均值$\overline{U_R}$近似等于输入电压的峰值。对于串联式峰值检波器，在被测电压 $u_x(t)$的正半周，二极管 VD 导通，$u_x(t)$通过它对电容 C 充电。由于充电时间常数 R_DC 非常小，电容 C 上电压迅速达到 $u_x(t)$的峰值 U_P。当 $u_x(t)$从正峰值下降到小于电容两端电压 U_{Cmax}时，二极管 VD 截止，电容 C 通过电阻 R 放电。由于放电时间常数 RC 很大，因此电容上的电压 U_C 在一个周期内下降很少。当 $u_x(t)$下一个周期的正半周电压大于此时电容上电压 U_{Cmin}时，二极管 VD 又导通，$u_x(t)$再次对电路 C 充电，如此反复。这样，便可在电容 C 两端保持接近于 $u_x(t)$正峰值 U_P 的电压，即

$$\overline{U_R} = \overline{U_C} \approx U_{P+} \tag{5.9}$$

对于并联式峰值检波器，电路中的电容 C 有隔直流作用，即检波器的输出只能正比于输入信号中交流电压分量的振幅值 U_m。此时 R 两端的电压为

$$u_R(t) = -u_C(t) + u_x(t) \tag{5.10}$$

对该电压积分并滤波后，可得到平均电压：

$$\begin{aligned}\overline{U_R} &= \frac{1}{T}\int_0^T u_R(t)\,\mathrm{d}t \\ &= \frac{1}{T}\int_0^T [-u_C(t) + u_x(t)]\,\mathrm{d}t \\ &= -\overline{U_C} + \overline{U_x} \\ &\approx -U_{P+} + U_0 \\ &= -U_{m+}\end{aligned} \tag{5.11}$$

式(5.11)中，U_0 为被测信号中的直流分量，等于信号一个周期内的平均值；U_{P+} 为被

测信号的正峰值,即电容两端电压的平均值;U_{m+} 为被测信号的正幅值,即负载电阻两端的平均电压。

检波后的直流电压要用直流放大器放大。若采用一般的直流放大器,则增益不高。为了提高电压表的灵敏度,目前普遍采用斩波式直流放大器,它可以解决一般直流放大器的增益与零点漂移之间的矛盾。斩波式直流放大器先利用斩波器把直流电压变换成交流电压,然后用交流放大器放大,最后再把放大后的交流信号恢复为直流电压,因此这种放大器又称作直-交-直放大器。它的增益很高,而噪声和零点漂移都很小。

五、实操训练

函数信号发生器是高精度信号源,用来输出一定频率和一定电压幅度的正弦波、方波、三角波等信号的电子仪器。函数信号源为电子设备、电子电路提供所需要的输入信号。我们实验室中用的信号源一般为低频信号源。下面以 CA1645 型合成函数信号源为例进行实操作练。

(一) CA1645 型合成函数信号源面板的主要部分

CA1645 型合成函数信号源如图 5.13 所示。

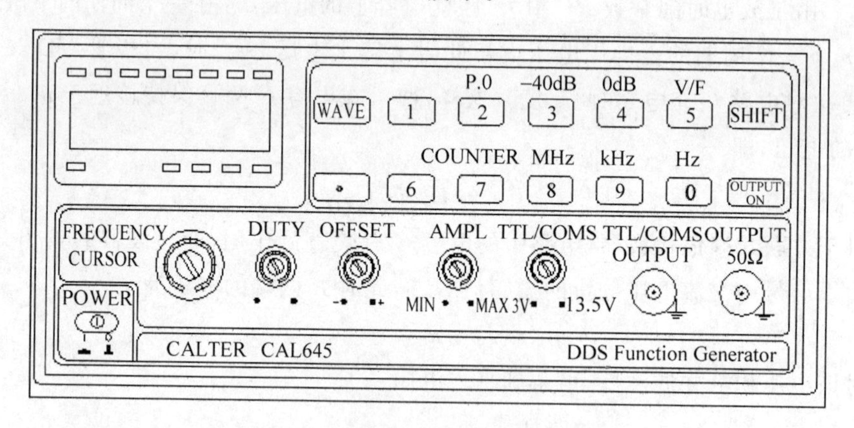

图 5.13 CA1645 型合成函数信号源

SFG-1013 型信号源面板的主要部分如下。

(1) POWER 键:电源开关。

(2) 显示屏:显示输出信号频率值或输出信号幅度值。

(3) WAVE 键:选择输出信号的波形,有正弦波、方波和三角波。

(4) 输入键:有 0~9 和“.”11 个键,用于设置信号的频率值。

(5) SHIFT 键:选择输入键的第二功能键。

① 选择频率单位：按 SHIFT 键＋数字键 8，为 MHz；按 SHIFT 键＋数字键 9，为 kHz；按 SHIFT 键＋数字键 0，为 Hz。

② 选择频率/电压显示：按 SHIFT 键＋小数点键，切换显示屏显示信号频率值和电压值。

(6) OUTPUT ON 键：输出 ON/OFF 切换。

(7) 频率调节旋钮：对信号频率进行细调。

(8) AMPL 信号幅度调节旋钮：调节输出信号的幅度值。

(9) 输出接口：输出信号线的接口。

注意：信号源在使用过程中，输出端不能短路。

（二）产生一定幅度和频率的正弦波

(1) 按下 POWER 键，打开电源开关。

(2) 选择输出波形，重复按下 WAVA 键就会在显示器上显示相应的波形符号，选择正弦波。

(3) 设置信号频率，使用数字键直接输入波形频率。只要直接按相应的数字键＋SHIFT＋频率单位键就可以直接设置所需要的频率。

(4) 调整输出信号的幅度。

① 按下输出开关键 OUTPUT ON。

② 按 SHIFT＋V/F，切换到显示信号的输出幅度值。重复此操作，则返回至频率显示。

③ 旋转 AMPL 输出幅度调节旋钮，调整信号输出幅度为指定值。

(5) 连接输出信号线，将输出信号线插入输出接口，把信号接入其他电路中。

（三）产生一定幅度和频率的方波

(1) 按下 POWER 键，打开电源开关；

(2) 选择输出波形，重复按下 WAVA 键就会在显示器上显示相应的波形符号，选择方波。

(3) 设置信号频率，使用数字键直接输入波形频率。只要直接按相应的数字键＋SHIFT＋频率单位键就可以直接设置所需要的频率。

(4) 调整输出信号的幅度。

① 按下输出开关键 OUTPUT ON。

② 按 SHIFT＋V/F，切换到显示信号的输出幅度值。重复此操作，则返回至频率显示。

③ 旋转 AMPL 输出幅度调节旋钮，调整信号输出幅度为指定值。

(5) 调节占空比,拉出占空比旋钮,顺时针旋转增大占空比。逆时针旋转减小占空比,初始值设置为50%。

注意:占空比设定不适用于正弦波与三角波。

(6) 连接输出信号线,将输出信号线插入输出接口,把信号接入其他电路中。

(四) 产生一定幅度和频率的三角波

(1) 按下POWER键,打开电源开关。

(2) 选择输出波形,重复按下WAVA键就会在显示器上显示相应的波形符号,选择方波。

(3) 设置信号频率,使用数字键直接输入波形频率。只要直接按相应的数字键+SHIFT+频率单位键就可以直接设置所需要的频率。

(4) 调整输出信号的幅度。

① 按下输出开关键OUTPUT ON。

② 按SHIFT+V/F键,切换到显示信号的输出幅度值。重复此操作,则返回至频率显示。

③ 旋转AMPL输出幅度调节旋钮,调整信号输出幅度为指定值。

(5) 连接输出信号线,将输出信号线插入输出接口,把信号接入其他电路中。

(五) 产生TTL输出

(1) 按下输出键,LED灯亮(只有输出在ON状态下时,TTL才会开启)。

(2) 按下SHIFT键,然后按下WAVA键,TTL指示灯将会出现在显示屏上。

(3) 波形产生与TTL输出端会产生幅度大于等于$3V_{p\text{-}p}$的TTL波形。

注意:输出信号幅度的调节时,调节幅度调节旋钮,调节到输出电压显示屏显示所需输出电压值。要求输出小信号时,可以利用衰减,使输出信号大幅度衰减。

(六) 应用举例

调节信号发生器,输出产生1000Hz、15mV的正弦波。

(1) 选择正弦波:按WAVE键。

(2) 调节频率:1→0→0→0→SHIFT→Hz。

(3) 调节幅度:切换到幅度显示SHIFT+V/F;切换到衰减SHIFT→−40dB;调节幅度旋钮AMPL显示15mV。

(4) 打开输出开关:按OUTPUT ON键;连接输出线,产生的1000Hz、15mV正弦波就可以在示波器上显示出来了。

注意：按下 SHIFT＋3（－40dB）键。切换至输出衰减－40dB，并且显示屏上的－40dB 指示灯就会亮。

用信号发生器分别产生如下三个信号。

(1) 产生一个 2V、1kHz 的正弦信号。

① 信号发生器连接电源，按下 POWER 键，启动信号发生器；按下 FREQUENCY 键进行频率设置的位选，并旋转该旋钮进行频率的大小调节，设置大小为 1kHZ(开机默认频率为 1kHz，本步骤可不进行设置)。

② 按下 SHIFT 键，选择 V/F 功能(键位数字 5)，进入电压值显示界面，旋转旋钮 AMPL 进行电压值设置，大小为 2V(如进行波形显示，可调节 OFFSET 键进行波形的微调)；

③ 按下 OUTPUT 键，输出波形。

(2)产生一个 100mV、1kHz 的方波信号。

① 信号发生器连接电源，按下 POWER 键，启动信号发生器；按下 FREQUENCY 键进行频率设置的位选，并旋转该旋钮进行频率的大小调节，设置大小为 1kHz。

② 按下 SHIFT 键，选择 V/F 功能(键位数字 5)，进入电压值显示界面，按下 SHIFT 键，选择－40DB 功能(键位数字 3)，此时电压值变为 mV 级(电压值较原值缩小了 100 倍)，旋转旋钮 AMPL 进行电压值设置，大小为 100mV(如进行波形显示，可调节 OFFSET 键进行波形的微调)。

③ 按下 OUTPUT 键，输出波形。

(3) 产生一个 100mV、1.5kHz 的三角波信号。

① 信号发生器连接电源，按下 POWER 键，启动信号发生器；按下 FREQUENCY 键进行频率设置的位选，并旋转该旋钮进行频率的大小调节，设置大小为 1.5kHz。

② 按下 SHIFT 键，选择 V/F 功能(键位数字 5)，进入电压值显示界面，按下 SHIFT 键，选择－40DB 功能(键位数字 3)，此时电压值变为 mV 级(电压值较原值缩小了 100 倍)，旋转旋钮 AMPL 进行电压值设置，大小为 100mV(如进行波形显示，可调节 OFFSET 旋转进行波形的微调)。

③ 按下 OUTPUT 键，输出波形。

六、项目总结

本项目为机器人主体结构的组装与调试，按照项目实施、知识拓展、实操训练、项目总结的顺序展开讲解。

通过本项目的学习,学生应该掌握如下实践技能和重点知识:

(1) 舵机工作的基本原理;

(2) 信号发生器的基本工作原理;

(3) 机器人转向电路的组装与调试;

(4) 信号发生器的正确使用方法。

以项目小组为单位,进行项目总结汇报,制作 PPT,每组派一人进行讲解。

七、阅读材料

(一) 信号发生器

1. 信号发生器的发展历史

信号发生器是一种历史悠久的测量仪器,早在 20 世纪 20 年代电子设备刚出现时它就产生了。

随着通信和雷达技术的发展,20 世纪 40 年代出现了主要用于测试各种接收机的标准信号发生器,使信号发生器从定性分析的测试仪器发展成定量分析的测量仪器。同时还出现了可用来测量脉冲电路或用作脉冲调制器的脉冲信号发生器。

由于早期的信号发生器机械结构比较复杂,功率比较大,电路比较简单,因此发展速度比较慢。直到 1964 年才出现第一台全晶体管的信号发生器。20 世纪 60 年代后信号发生器有了迅速的发展,出现了函数发生器,这个时期的信号发生器多采用模拟电子技术,由分立元件或模拟集成电路构成,其电路结构复杂,且仅能产生正弦波、方波、锯齿波和三角波等几种简单波形,由于模拟电路的漂移较大,使其输出波形的幅度稳定性差,而且模拟器件构成的电路存在尺寸大、价格贵、功耗大等缺点,如果要产生较为复杂的信号波形则电路结构非常复杂。

20 世纪 70 年代微处理器出现以后,利用微处理器、模/数转换器和数/模转换器,硬件和软件使信号发生器的功能扩大,可产生比较复杂的波形。这段时期的信号发生器多以软件为主,实质是采用微处理器对 DAC 的程序控制,就可以得到各种简单的波形。软件控制波形的一个最大缺点就是输出波形的频率低,这主要是由 CPU 的工作速度决定的,如果想提高频率可以改进软件程序,减少其执行周期时间或提高 CPU 的时钟周期,但这些办法是有限度的,根本的办法还是要改进硬件电路。

2. 信号源的发展方向

现代信号源向着智能化、数字化、合成化方向发展。

随着现代电子、计算机和信号处理等技术的发展,极大促进了数字化技术在电子测量仪器中的应用,使原有的模拟信号处理逐步被数字信号处理所代替,从而提高了仪器信号的处理能力,提高了信号测量的准确度、精度和变换速度,克服了模拟信号处理的诸多缺点,数字信号发生器随之发展起来。

利用合成技术制成的信号发生器,常被称为合成信号发生器,也是发展的主流。

3. 典型信号源的应用

信号发生器的应用非常广泛,种类繁多。

首先,信号发生器可以分通用和专用两大类,专用信号发生器主要是为了某种特殊的测量目的而研制的,如电视信号发生器、脉冲编码信号发生器等。这种发生器的特性是受测量对象的要求所制约的。

其次,信号发生器按输出波形又可分为正弦波信号发生器、脉冲波信号发生器、函数发生器和任意波发生器等。

再次,按其产生频率的方法又可分为谐振法和合成法两种。一般传统的信号发生器都采用谐振法,即用具有频率选择性的回路来产生正弦振荡,获得所需频率。但也可以通过频率合成技术来获得所需频率。

下面列出几种典型应用信号源。

(1) 函数信号发生器

函数信号发生器如图 5.14 所示。函数信号发生器最小输出信号可小于 1mV。大功率函数信号发生器为国内首创,其具有稳定性、可靠性高,售价低等特点。国内所独有的输出保护技术,能有效防止过载、输出短路、错接等误操作或外电流倒灌造成损坏。输出信号有三角波、方波、正弦波、脉冲波、单次脉冲。

(2) 电视信号发生器

电视信号发生器如图 5.15 所示。电视信号发生器采用存储器、中央处理器、专用编码器等器件组成,能产生 16 种理想图案,图案十分稳定精确,彩色相位误差小于 ±3°,不受温度和电压的影响,用途非常广泛,适合设计、生产、维修彩色/黑白电视机、追踪故障和调校各级线路等。

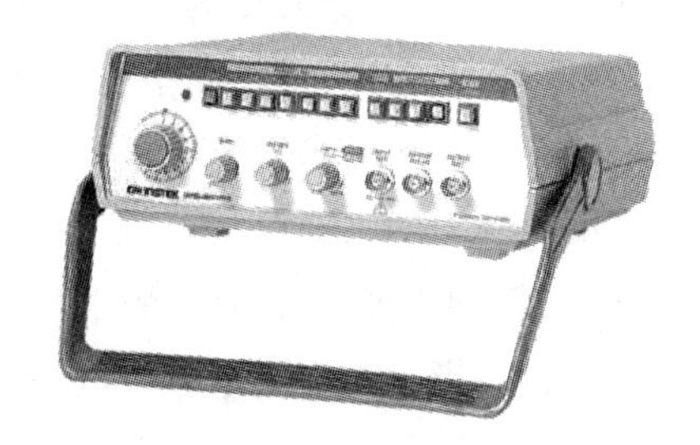

图 5.14 函数信号发生器

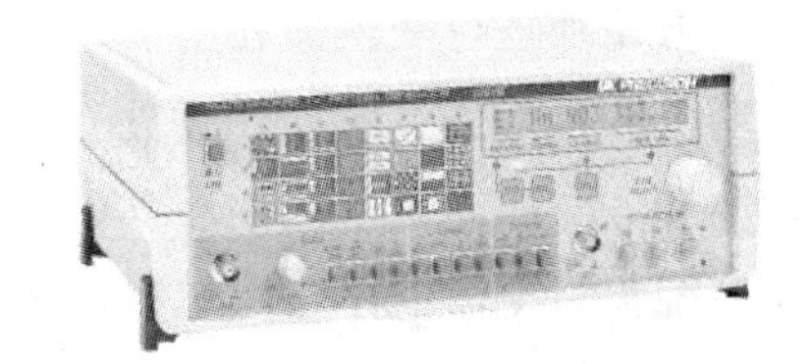

图 5.15 电视信号发生器

(3) 低频信号发生器

低频信号发生器如图 5.16 所示。低频信号发生器包括音频(200～20 000Hz)和视频(1Hz～10MHz)范围的正弦波发生器。主振级一般用 RC 式振荡器，也可用差频振荡器。为便于测试系统的频率特性，要求输出幅频特性平和，波形失真小。

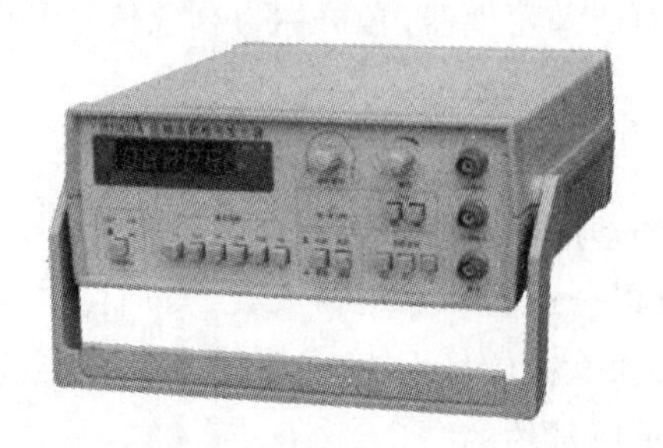

图 5.16　低频信号发生器

(4) 高频信号发生器

高频信号发生器如图 5.17 所示。高频信号发生器是产生频率为 100kHz～30MHz 高频、30～300MHz 甚高频的信号发生器。一般采用 LC 调谐式振荡器，频率可由调谐电容器的刻度盘刻度读出。主要用途是测量各种接收机的技术指标。输出信号可用内部或外加的低频正弦信号调幅或调频，使输出载频电压能够衰减到 1μV 以下。

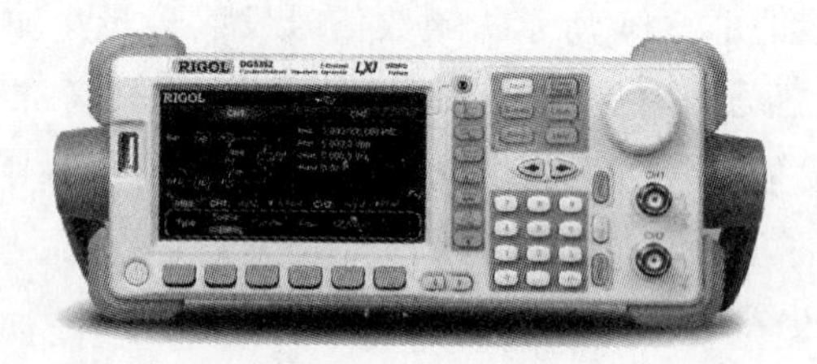

图 5.17　高频信号发生器

(二) 交流电

正弦交流电简称交流电，是目前供电和用电的主要形式。这是因为交流发电机等供电设备比直流等其他波形的供电设备性能好、效率高；交流电压的大小可以通过变压器比较方便地进行变换。在电子技术中，正弦信号的应用也十分广泛，这是因为非正弦周期信号可以通过傅立叶级数分解为一系列不同频率的正弦分量。

大小和方向随时间作周期性变化、并且在一个周期内的平均值为零的电压、电流和电动势统称为交流电，不过，工程上所用的交流电主要指正弦交流电。以电流为例，其数学表达式为

$$i = I_{m}\sin(\omega t + \varphi)$$

其波形如图 5.18 所示。式中 i 称为瞬时值，ω 称为角频率，φ 称为初相位或初相角。最大值、角频率和初相位一定，则正弦交流电与时间的函数关系也就一定，所以它

们是确定正弦交流电的三要素。

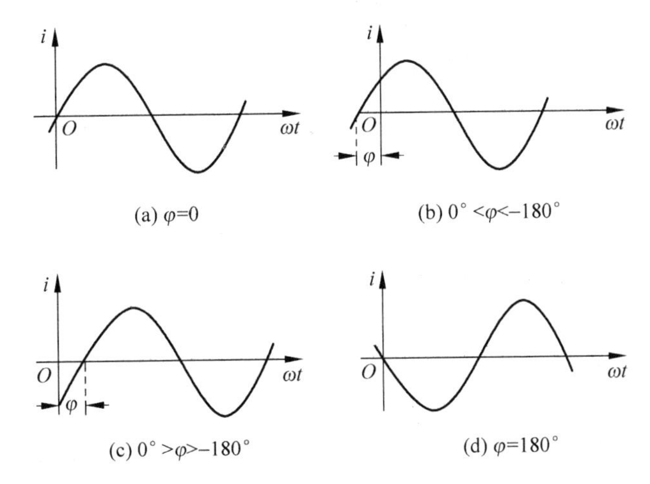

图 5.18　正弦波形示意图

分析正弦交流电时应从以下三方面进行。

1. 交流电的周期、频率和角频率

交流电变化一个循环所需要的时间称为周期，用 T 表示，单位是秒(s)。单位时间内，即每秒内完成的周期数称为频率，用 f 表示，单位是赫(兹)(Hz)。T 与 f 是互为倒数的关系，即

$$f=\frac{1}{T} \tag{5.1}$$

交流电每交变一次就变化 2π 弧度，即

$$\omega T=2\pi \tag{5.2}$$

故角频率与周期、频率的关系为

$$\omega=\frac{2\pi}{T}=2\pi f \tag{5.3}$$

式中，ω 的单位是 rad/s(弧度每秒)。

我国的工业标准频率简称工频，是 50Hz。世界上很多国家，如欧洲各国的工业标准频率是 50Hz，只有少数国家，如美国为 60Hz。除工频外，某些领域还需要采用其他的频率，如无线电通信的频率为 30kHz～3×10^4MHz，有线通信的频率为 300～5000Hz，机械工业用的高频加热设备频率为 200～300kHz 等。

2. 交流电的瞬时值、最大值和有效值

交流电的瞬时值用小写字母表示，如 i、u 和 e 等，它是随时间在变化的。最大值又称幅值，用带有下标 m 的大写字母来表示，如 I_m、U_m 和 E_m 等，它虽然能够反映出

交流电的大小,但毕竟只是一个特定瞬间的数值,不能用来计量交流电。因此,规定了一个用来计量交流电大小的量,称为交流电的有效值。是这样定义的:如果交流电流通过一个电阻时在一个周期内消耗的电能,与某直流通过同一电阻在同样长的时间内消耗的电能相等的话,就把这一直流的数值定义为交流的有效值。根据这一定义

$$\int_0^T Ri^2 \mathrm{d}t = RI^2 T \tag{5.4}$$

由此求得有效值与瞬时值的关系为

$$I = \sqrt{\frac{i}{T}\int_0^T i^2 \mathrm{d}t} \tag{5.5}$$

即有效值等于瞬时值的平方在一个周期内平均值的开方,故有效值又称方均根值。

有效值的定义及它与瞬时值的上述关系不仅适用于正弦交流电,也适用于任何其他周期性变化的电流。

对正弦交流电来说

$$\int_0^T i^2 \mathrm{d}t = \int_0^T I_{\mathrm{m}}^2 \sin^2(\omega t + \varphi)\mathrm{d}t = I_{\mathrm{m}}^2 \int_0^T \frac{i - \cos 2(\omega t + \varphi)}{2}\mathrm{d}t = \frac{I_{\mathrm{m}}^2}{2}T \tag{5.6}$$

代入式(5.5)中,便得到了正弦交流电的有效值与最大值的关系为

$$I = \frac{I_{\mathrm{m}}}{\sqrt{2}} \tag{5.7}$$

同理,正弦交流电压和电动势的有效值与它们最大值的关系为

$$U = \frac{U_{\mathrm{m}}}{\sqrt{2}} \tag{5.8}$$

$$E = \frac{E_{\mathrm{m}}}{\sqrt{2}} \tag{5.9}$$

有效值都用大写的字母表示。平时所说的交流电压和电流的大小以及一般测量仪表所指示的电压或电流的数值都是指它们的有效值。

3. 交流电的相位、初相位和相位差

交流电在不同的时刻 t 具有不同的 $\omega t+\varphi$ 值,交流电也就变化到不同的数值。所以 $\omega t+\varphi$ 代表了交流电的变化进程,称为相位或相位角。

$t=0$ 时的相位即为初相位 φ。显然,初相位与所选时间的起点有关。原则上,计时的起点是可以任意选择的。不过,在进行交流电路的分析和计算时,同一个电路中所有的电流、电压和电动势只能有一个共同的计时起点。因而只能任选其中某一个初相位为零的瞬间作为计时的起点。这个初相位被选为零的正弦量称为参考量,这时其他各量的初相位就不一定等于零了。

任何两个频率相同的正弦量之间的相位关系可以通过它们的相位差来说明。

例如

$$u = U_{\mathrm{m}}\sin(\omega t + \varphi_u) \tag{5.10}$$

$$i = I_{\mathrm{m}}\sin(\omega t + \varphi_i) \tag{5.11}$$

它们的相位差

$$\varphi = (\omega t + \varphi_u) - (\omega t + \varphi_i) = \varphi_u - \varphi_i \tag{5.12}$$

可见，相位差也就是初相位之差。初相位不同，即相位不同，说明它们随时间变化的步调不一致。

当 $180^\circ > \varphi > 0^\circ$ 时，波形如图 5.19(a)所示，u 总要比 i 先经过相应的最大值和零值，这时就称在相位上 u 是超前于 i 一个 φ 角的，或者称 i 是滞后于 u 一个 φ 角的；当 $-180^\circ < \varphi < 0^\circ$ 时，波形如图 5.19(b)所示，u 与 i 的相位关系正好倒过来；当 $\varphi = 0^\circ$ 时，波形如图 5.19(c)所示，这时就称 u 与 i 相位相同，或者说 u 与 i 同相；当 $\varphi = 180^\circ$ 时，波形如图 5.19(d)所示，这时，就称 u 与 i 相位相反，或者说 u 与 i 反相。

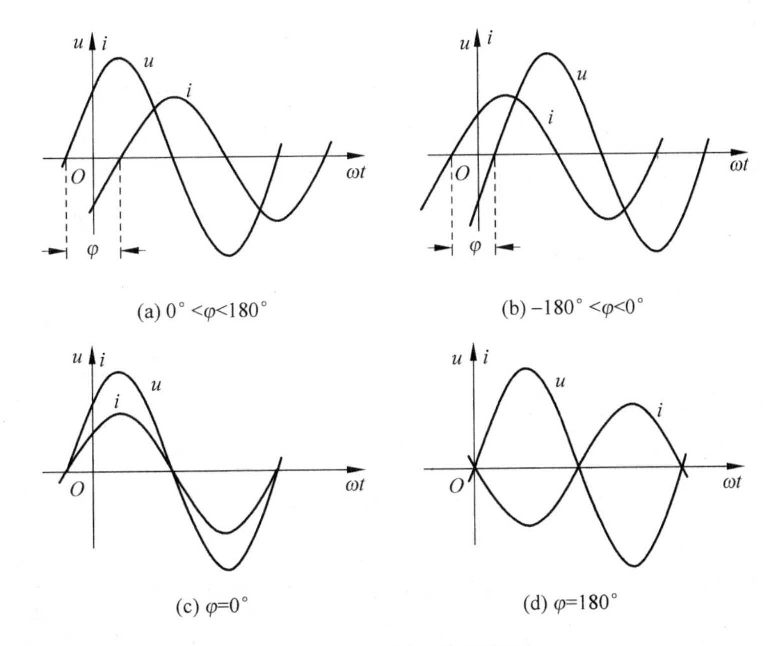

图 5.19　不同 φ 的波形图

（三）用电安全

1. 触电

触电是指人体接触到带电体时，电流流过人体造成的伤害。触电事故可分为直接接触触电事故和间接接触触电事故两类。

直接接触触电事故是指人体直接接触到电气设备正常带电部分引起的触电事故，例如在 380/220V 低压供电系统中，人体直接接触到一根裸露的相线时称为单线触电,如图5.20(a)所示,此时作用于人体的电压为相电压220V,事故电流 I_d 由相线通过人体到地从而引起触电。如果人体同时接触到两个裸露的相线,则称为两线触电,如图5.20(b)所示,此时作用于人体的电压为线电压380V,通过人体的事故电流 I_d 比单线触电时大,触电更危险。

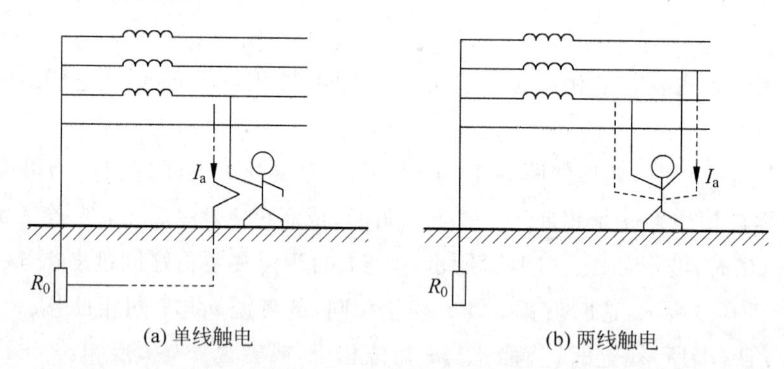

(a) 单线触电　　(b) 两线触电

图5.20　触电分类

间接接触触电事故是指人体接触到正常情况下不带电、仅在事故情况下才会带电的部分而发生的触电事故。例如,电气设备的外露金属部分,在正常情况下是不带电的,但是当设备内部绝缘老化、破损时,内部带电部分会向外部本来不带电的金属部分“漏电”,在这种情况下,人体触及外露金属部分便有可能触电。随着家用电器使用的日趋增多,间接接触触电事故所占比例正在上升。

按人体所受伤害方式的不同,触电又可分为电击和电伤两种。电击(electrical shock),主要是电流通过人体内部,影响呼吸系统、心脏和神经系统,造成人体内部组织的破坏,甚至导致死亡。电伤(electrical injury),主要是指电流的热效应、化学效应、机械效应等对人体表面或外部造成的局部伤害。当然,这两种伤害也可能同时发生。调查说明,绝大部分触电事故都是电击造成的,通常所说的触电事故基本上都是对电击而言。

电击伤害的程度取决于通过人体电流的大小、电流通过人体的持续时间、电流通过人体的途径、电流的频率以及人体的健康状况等。50~60Hz的交流电流通过心脏和肺部时危险性最大。

2. 触电防护

选用安全电压是防止直接接触触电和间接接触触电的安全措施。根据欧姆定律,作用于人体的电压越高,通过人体的电流越大,因此,如果能限制可能施加于人体上的电压值,就能使通过人体的电流限制在允许的范围内。这种为防止触电事故而采用的由特定电源供电的电压系列称为安全电压。

安全电压值取决于人体的阻抗值和人体允许通过的电流值。人体对交流电时呈电容性的。在常规环境下，人体的平均总阻抗在1kΩ以上。当人体处于潮湿环境、出汗、承受的电压增加以及皮肤破损时，人体的阻抗值都会急剧下降。国际电工委员会(IEC)规定了人体允许长期承受的电压极限值，称为通用接触电压极限。在常规环境下，交流(15～100Hz)电压为50V，直流(非脉动波)电压为120V；在潮湿环境下，交流电压为25V，直流电压为60V。这就是说，在正常和故障情况下，交流安全电压的极限值为50V。我国规定工频有效值42V、36V、24V、12V和6V为安全电压的额定值。电气设备安全电压值的选择应根据使用环境、使用方式和工作人员状况等因素选用不同等级的安全电压。例如，手提照明灯、携带式电动工具可采用42V或36V的额定工作电压；若在工作环境潮湿又狭窄的隧道和矿井内，周围又有大面积接地导体时，应采用额定电压为24V或12V的电气设备。

3. 保护接地和保护接零

安全电压只是在特殊情况下采用的安全用电措施。事实上，目前大多数电气设备都是采用380/220V低压供电系统供电的，其工作电压不是安全电压。因此，当电气设备使用日久，绝缘老化而出现漏电，或者某一相绝缘损坏而使该相的带电体与外壳相碰而造成一相碰壳时，都会使外壳带电，人体触及外壳便有触电的危险。这是工矿企业和日常生活中常见的触电事故。为防止这类事故的发生，应该按供电系统接地形式的不同，分别采用接地或接零保护措施。

4. 漏电开关

漏电开关(leakage switch)是漏电电流动作保护装置的简称，主要用于低压供电系统防止直接和间接接触的单线触电事故，同时还能起到防止由漏电引起的火灾和用于监测或切除各种单相接地故障的作用。有的漏电开关还兼有过载、过压或欠压及缺相等保护功能。各地电业局对用电设备安装漏电开关都有具体的规定。

漏电开关的作用体现在被保护设备出现故障时，故障电流作用于自动开关，若该电流超过预定值，便会使开关自动断开，切断供电电路。

我国生产的漏电开关适用于50Hz、额定电压380/220V、额定电流6～250A的低压供电系统和用电设备。选用漏电开关时，应使其额定电压和额定电流与被保护的电路和设备相适应。除此之外，漏电开关还有漏电动作电流和漏电动作时间两个主要参数。漏电动作电流是在规定条件下开关动作的故障电流值，该值越小，灵敏度越高。漏电动作时间是故障电流达到上述数据起到开关动作切除供电电路为止的时间。按动作时间的不同，漏电开关分为快速型和延时型等。如果漏电开关用于人身保护，应选用漏电动作电流为30mA以下(30mA、20mA、15mA、10mA)、漏电动作时间为0.1s以下的漏电开关。如果用于线路保安与防火，应选用漏电动作电流为50～100mA的

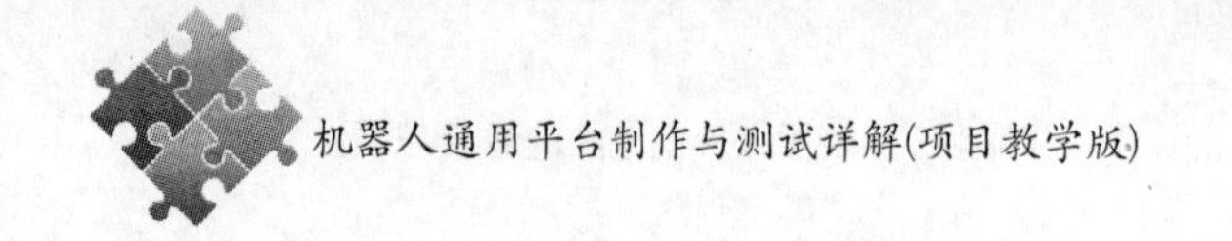

漏电开关,漏电动作时间可延长到 0.2～0.4s。

漏电开关还有二极、三极和四极之分。单相电路和单相负载选用二极漏电开关,仅带三相负载的三相电路可选用三极或四极漏电开关。动力与照明合用的三相四线制电路或三相照明电路必须选用四极漏电开关。

5. 静电防护

所谓静电是指在宏观范围内暂时失去平衡的相对静止的正、负电荷。静电现象是十分普遍的电现象,其产生极其容易,又极易被人忽视。静电现象一方面被广泛应用,例如静电除尘、静电复印、静电喷漆、静电选矿等;另一方面由静电引起工厂、油船、仓库和商店的火灾和爆炸又提醒人们应充分重视其危害性。

产生静电的原因很多,其中最主要的是以下几种。

(1) 摩擦起电。两种物质紧密接触(其间距小于 25×10^{-3} cm)时,界面两侧会出现大小相等、符号相反的两层电荷,紧密接触后又分离,静电就产生了。摩擦起电就是通过摩擦实现较大面积的接触、在接触面上产生双电层的过程。

(2) 感应起电。处在电场中的导体,在静电场的作用下,其表面不同部位感应出不同电荷或引起导体上原有电荷的重新分布,使得本来不带电的导体变成带电的导体。

静电的产生虽然难以避免,但并不一定都会造成危害。危险的是这些静电的不断积累,形成了对地或两种带异性电荷体之间的高电压,这些高电压有时可高达数万伏。这不仅会影响生产、危及人身安全,而且静电放电时产生的火花往往会造成火灾和爆炸。防止静电危害的基本方法如下。

(1) 限制静电的产生。限制静电产生的主要办法是控制工艺过程。例如,降低液体、气体和粉尘的流速,在易燃、易爆场所不要采用皮带轮传动等。

(2) 防止静电的积累。防止静电积累的主要方法是给静电一条随时可以入地或与异性电荷中和的通路。例如增加空气的湿度,将容易产生静电的设备、管道采用金属等导电良好的材料制成,并予以可靠的接地,添加抗静电剂和使用静电中和器等。

(3) 控制危险的环境。在易燃、易爆的环境中尽量减少易燃易爆物的形成,加强通风以减少易爆物的浓度,可以间接防止静电引起的火灾和爆炸。

八、巩固练习

1. 简述信号发生器的发展历史。
2. 简述信号发生器的发展方向。
3. 利用信号发生器产生一个频率为 3kHz 的方波。
4. 利用信号发生器产生一个频率为 5kHz 的三角波。

附录A 电阻器、电容器的标称系列值

电阻器、电容器的标称值应符合表A.1所示数值之一，或再乘以10^n倍（n为正整数或负整数）。

表A.1 电阻器、电容器标称值

E24容许误差±5%	E12容许误差±10%	E6容许误差±6%	E24容许误差±5%	E12容许误差±10%	E6容许误差±20%
1.0	1.0	1.0	3.3	3.3	3.3
1.1			3.6		
1.2	1.2		3.9	3.9	
1.3			4.3		
1.5	1.5	1.5	4.7	4.7	4.7
1.6			5.1		
1.8	1.8		5.6	5.6	
2.0			6.2		
2.2	2.2	2.2	6.8	6.8	6.8
2.4			7.5		
2.7	2.7		8.2	8.2	
3.0			9.1		

(1) 常用的固定电阻器分为线绕电阻器和非线绕电阻器两类。线绕电阻器的额定功率有 0.05W、0.125W、0.25W、1W、2W、4W、8W、10W、16W、25W、40W、50W、75W、100W、150W、250W、500W 等。非线绕电阻器的额定功率有 0.05W、0.125W、0.25W、0.5W、1W、2W、5W、10W、25W、50W、100W 等。

(2) 电解质电容器的容量范围一般为 1～5000μF；直流工作电压有 6.3V、10V、16V、25V、32V、50V、63V、100V、160V、200V、300V、450V、500V 等。

附录B 小电流低电压硅整流二极管

小电流低电压硅整流二极管型号见表B.1。

表B.1 小电流低电压硅整流二极管型号

最高反向工作电压/V	最大整流电流 I_F 最大整流电流时正向压降					
	100mA/≤1V		300mA/≤1V		500mA/≤1V	
	新型号	旧型号	新型号	旧型号	新型号	旧型号
25	2CZ52A	2CP10	2CZ53A	2CP31	2CZ54A	2CP33
50	2CZ52B	2CP6K	2CZ53B	2CP21A	2CZ54B	2CP1A
		2CP11		2CP31A		2CP33A
100	2CZ52C	2CP6A	2CZ53C	2CP21	2CZ54C	2CP1
		2CP12		2CP31B		2CP33B
200	2CZ52D	2CP6B	2CZ53D	2CP22	2CZ54D	2CP2
		2CP14		2CP31D		2CP33D
300	2CZ52E	2CP6C	2CZ53E	2CP23	2CZ54E	2CP3
		2CP16		2CP31F		2CP33F
400	2CZ52F	2CP6D	2CZ53F	2CP24	2CZ54F	2CP4
		2CP18		2CP31H		2CP33H
500	2CZ52G	2CP6G	2CZ53G	2CP25	2CZ54G	2CP5
		2CP19		2CP31I		2CP33I

续表

最高反向工作电压/V	最大整流电流 I_F 最大整流电流时正向压降					
	100mA/≤1V		300mA/≤1V		500mA/≤1V	
	新型号	旧型号	新型号	旧型号	新型号	旧型号
600	2CZ52H	2CP6E	2CZ53H	2CP26	2CZ54H	2CP6
		2CP20		2CP31J		2CP33J
700	2CZ52J	2CP6H	2CZ53J	2CP27	2CZ54J	2CP7
				2CP31K		2CP33K
800	2CZ52K	2CP6F	2CZ53K	2CP28	2CZ54K	2CP8
		2CP20A		2CP31L		2CP33L

注：2CZ52，2CZ53，2CZ54，…，2CZ58 等各型号最高反向工作电压分档号都从 A-25V 开始，到 T-2 200V，U-2 400V，V-2 600V，W-2 800V 等。

附录C 国标半导体集成电路型号命名方法

国标半导体集成电路的型号由5个部分组成，各组成部分的符号及意义如表C.1所示。

表C.1 国标半导体集成电路型号命名

第0部分	第1部分	第2部分	第3部分	第4部分
用字母表示器件符合国家标准	用字母表示器件的类型	用阿拉伯数字表示器件的系列和品种代号	用字母表示器件的工作温度范围	用字母表示器件的封装

附录 D 各部分电路原理图

各部分原理图如图 D.1～D.4 所示。

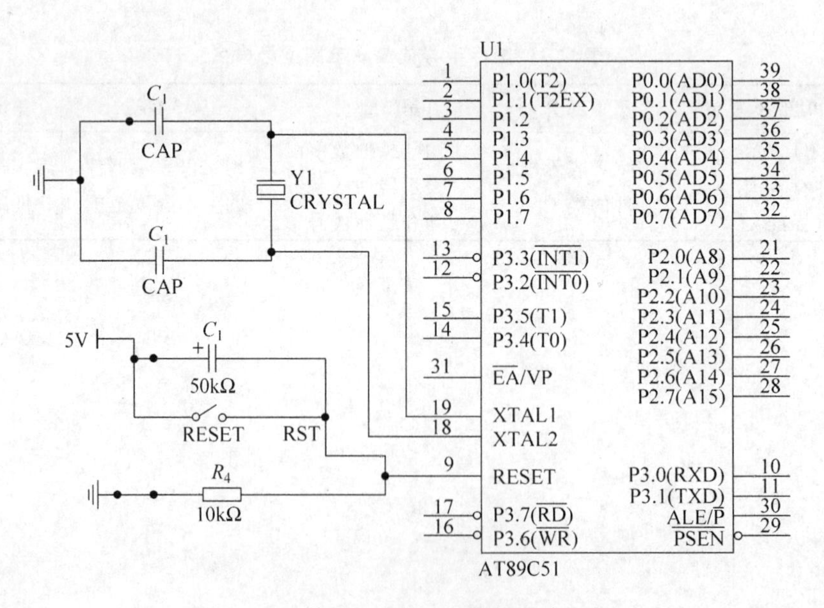

图 D.1　以单片机为核心的主控电路原理图

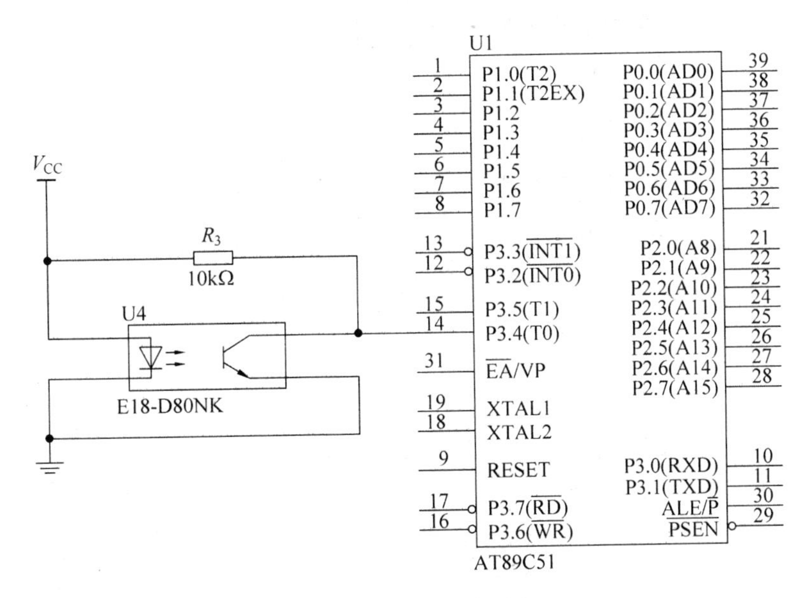

图 D.2 传感器原理图

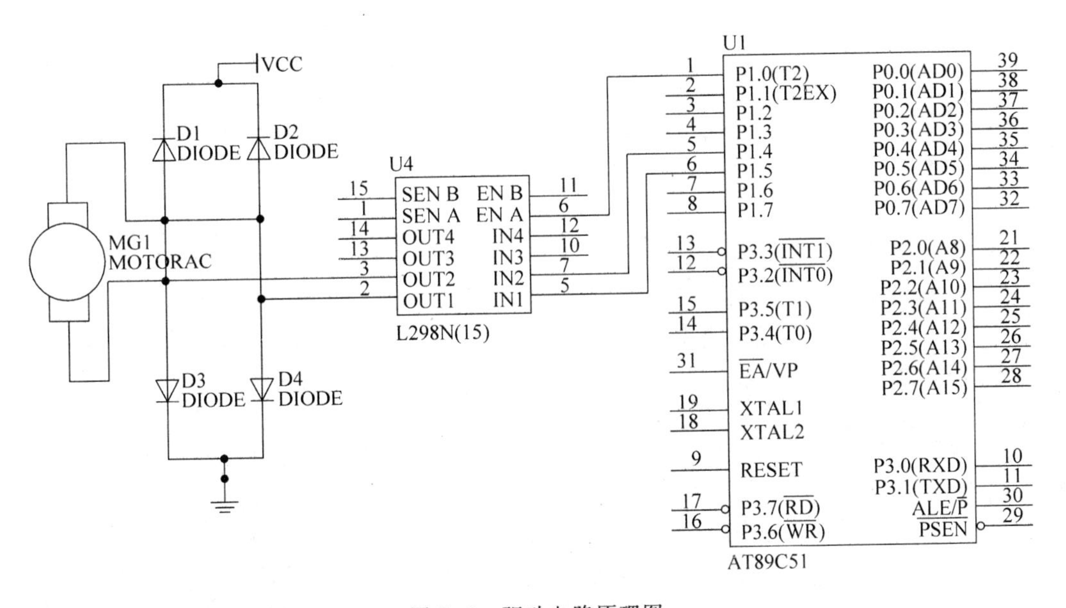

图 D.3 驱动电路原理图

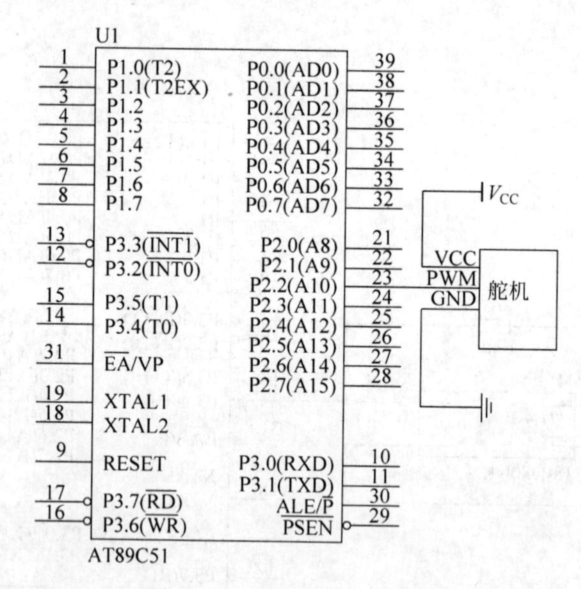

图 D.4 机器人转向电路原理图

附录 E 常用学习网址

常用学习网址如下：

- http://www.cnrobocon.org/全国大学生机器人大赛官网
- http://www.robotpk.com 机器人竞赛网
- http://www.siasun.com/新松机器人
- http://abb.robot-china.com/ ABB 工业机器人
- http://www.shanghai-fanuc.com.cn/发那科工业机器人
- http://www.8339.org/中国传感器网
- http://www.gongkong.com/工控网

附录 F　部分习题参考答案

项目 1

1. 简述直流稳压电源的功能。

答：将交流电转换为直流电。

2. 简述直流稳压电源的发展方向。

答：直流稳压电源向着智能化、数字化、模块化的方向发展。

项目 2

2. 万用表的种类有哪些？

答：指针式万用表、数字式万用表、钳型万用表、笔式万用表、台式万用表。

3. 简述万用表的发展。

答：早期的万用表使用磁石偏转指针的表盘，与经典的电流计相同；有的模拟万用表，使用真空管来放大输入的信号，这种设计的万用表也被称为真空管伏特计或真空管万用表。

现代则采用 LCD 提供的数字显示。现代万用表已全部数字化，并被专称为数字万用表。在这种设备中，被测量信号被转换成数字电压并被数字的前置放大器放大，然后由数字显示屏直接显示该值。

项目 3

2. 简述传感器的应用领域。

答：工业生产、智能建筑、现代医学、环境监测、汽车电控、家用电器、军事领域。

3. 简述传感器的发展方向。

答：新现象、新材料、微机械加工、集成化、智能化。

项目 4

3. 简述示波器的发展历史。

答：(1) 初期主要为模拟示波器。20 世纪 40 年代是电子示波器兴起的时代，泰克成功开发带宽 10MHz 的示波器，这是近代示波器的基础。

20 世纪 50 年代半导体和电子计算机的问世，促进电子示波器的带宽达到 100MHz。

20 世纪 60 年代美国、日本、英国、法国在电子示波器开发方面各有不同的贡献，出现带宽 6GHz 的取样示波器、1GHz 的存储示波管；便携式、插件式示波器成为系列产品。

20 世纪 70 年代模拟式电子示波器达到高峰，带宽 1GHz 的多功能插件式示波器标志着当时科学技术的高水平，为测试数字电路又增添了逻辑示波器和数字波形记录器。模拟示波器从此再没有更大的进展，开始让位于数字示波器。

(2) 中期数字示波器独领风骚。20 世纪 80 年代，数字示波器异军突起，大有全面取代模拟示波器之势，模拟示波器逐渐从前台退到后台。80 年代的数字示波器处在转型阶段，还有不少地方要改进，美国的 TEK 公司和 HP 公司都对数字示波器的发展做出贡献。它们后来停产模拟示波器，并且只生产性能好的数字示波器。

(3) 进入 20 世纪 90 年代，数字示波器除了提高带宽到 1GHz 以上外，更重要的是它的性能全面超越模拟示波器。

4. 示波器的种类有哪些？

答：模拟示波器、数字示波器、数字荧光示波器、数字存储示波器。

项目 5

1. 简述信号发生器的发展历史。

答：随着通信和雷达技术的发展，20 世纪 40 年代出现了主要用于测试各种接收机的标准信号发生器，同时还出现了可用来测量脉冲电路或用作脉冲调制器的脉冲信号发生器。

1964 年才出现第一台全晶体管的信号发生器。20 世纪 60 年代后信号发生器有了迅速的发展,出现了函数发生器。

20 世纪 70 年代微处理器出现以后,利用微处理器、模/数转换器和数模转换器,各种硬件和软件使信号发生器的功能扩大,产生比较复杂的波形。这时期的信号发生器多以软件为主。

2. 简述信号发生器的发展方向。

答:现代信号源向着智能化、数字化、合成化方向发展。

参考文献

[1] 耿欣.传感器与检测技术(项目教学版)[M].北京：清华大学出版社，2014.

[2] 宫广骅.机器人制作入门攻略[M].北京：人民邮电出版社，2013.

[3] 叶晖.工业机器人实操与应用技巧[M].北京：机械工业出版社，2016.

[4] 于玲.机器人概论及实训[M].北京：化学工业出版社，2013.

[5] 戴凤智.机器人设计与制作[M].北京：化学工业出版社，2016.

图书资源支持

感谢您一直以来对清华版图书的支持和爱护。为了配合本书的使用，本书提供配套的素材，有需求的用户请到清华大学出版社主页(http://www.tup.com.cn)上查询和下载，也可以拨打电话或发送电子邮件咨询。

如果您在使用本书的过程中遇到了什么问题，或者有相关图书出版计划，也请您发邮件告诉我们，以便我们更好地为您服务。

我们的联系方式：

地　　址：北京海淀区双清路学研大厦A座707

邮　　编：100084

电　　话：010-62770175-4604

资源下载：http://www.tup.com.cn

电子邮件：weijj@tup.tsinghua.edu.cn

QQ：883604(请写明您的单位和姓名)

扫一扫

资源下载、样书申请

新书推荐、技术交流

用微信扫一扫右边的二维码，即可关注清华大学出版社公众号"书圈"。